KB122125

자연의 시간

자연의

황경택

시간

가지
KINDS
BOOK

목차

책을 내며

"하루도 같은 날이 없었다"

우리 인간에게 자연은 필연한 존재임을 모르는 이 없다.
자연이 아름답고 우리 삶에도 필요하다는 사실쯤은 누구나
안다. 하지만 일 년 365일 매일같이 자연을 만나거나
관찰하거나 그것에 감명을 받으며 살기는 어렵다. 숲속에
집을 짓고 사는 것도 아니고, 도시생활의 일상에 치이다 보면
자연 앞에 잠깐 멈추어 몰입할 짬을 갖기도 어렵다. 그러나
적어도 일 년에 100일, 아니 100번의 순간쯤은 자연이 내게
말을 걸어오고 그 말에 귀를 기울이는 여유쯤은 만들며
살아야 하지 않을까? 도시에 살더라도 자연과 그 정도의 작은
교감은 나눌 수 있어야 인간다운 삶이지 않을까?

생명은 어떤 존재든 제 모습을 당당히 뽐낼 때가 가장 멋지다.
식물의 경우 주로 꽃을 피우고 열매를 만들어 낼 때가 그렇다.
그 외에도 여름의 신록, 가을의 단풍이 예쁘다고 느끼는
것처럼 인간은 스스로 미적 가치를 부여해 자연의 의도와는
다른 면에서 아름다움을 느낀다. 그 미의 기준이 보편적이지
않고 지극히 주관적일 때도 있다. 이 책에서는 그런 세 가지

경우에서 우리 자연이 아름답다고 느껴진 순간들을 담아
보았다. 그 순간에 벌어진 자연의 생태 활동을 이해하고자
관찰한 것을 바로 그림으로 그리고 생각을 정리해 글로
옮겼다. 눈앞의 화려한 벚꽃을 보고 감탄하는 것도 좋지만
벚꽃이 왜 오래 피지 않고 며칠 만에 다 져 버리는지 그
이유를 알면 더욱 특별하게 느껴진다. 자연을 그저 보기 좋은
풍경으로만 대하지 말고 제각각의 고유한 생명체로 관심을
갖고 바라보면 새로이 알게 되는 세상이 있다. 그렇게 자연
세계를 관찰하는 관점도 함께 제시하려 했다.

책에 실린 그림들은 출판사로부터 한 해를 살면서 기억에
남은 우리 자연 속 100가지 명장면을 소개해 달라는 제안을
받고 약 2년에 걸쳐 새로 관찰하며 그린 것들이다. 내가
주로 머무는 서울 남산 아랫동네와 전주 집, 그리고 임실에
있는 부모님 댁을 자주 오가며 기록했고, 강의나 여행을
위해 찾았던 낯선 지역에서도 새롭게 느껴지는 것이 있으면
그리고 썼다. 위도가 다른 공간을 오가며 관찰한 것이니
날짜와 시간의 흐름에 너무 큰 의미를 두지 않았으면 한다.

어쩌다 보니 근 20년간 자연 관찰이 본업인가 싶게 많은
작업을 해왔다. 관찰이 일이자 일상의 습관이다 보니
그만큼의 시간이 기록으로 쌓였다. 서울 집과 전주 집에 우리
자연을 담은 노트와 스케치북 살림이 한가득이다. 모르는
사람들은 해마다 반복되는 사계절에 자연이라고 뭐 그리
새로울 게 있겠나 싶겠지만 그렇지가 않다. 우리의 생이

그렇듯, 살아 있음은 매일이 기적 같고 지켜보면 하루도 같은 날이 없다. 일 년이라는 시간 단위로 자연에서 벌어지는 일을 집중해 추적하다 보니 이번에도 새롭게 느낀 것이 많았다. 어느덧 오십 고개에 들어선 나의 몸과 생각이 자연의 시간에 더 잘 감응하는 듯도 했다.

우리 곁의 자연을 어떻게 감각해야 하는지 어려움을 느끼는 독자들이 있다면 이 책을 통해 조금이나마 도움을 받을 수 있기를 바란다. 그동안 소홀했거나 잘 몰랐던 인간 외 생명들, 늘 지나치면서도 깨우치지 못했던 자연의 소박한 아름다움과 놀라운 지혜를 부디 알아볼 수 있기를.

돌아보면 자연과 깊숙이 교감하는 어떤 순간에 나는 인생에 대한 답을 찾곤 했다. 그런 시간이 독자들에게도 주어져 팍팍한 삶의 고민이 하나라도 풀릴 수 있다면 더욱 좋겠다. 책을 본 후 저마다 우리 동네 자연의 100가지 명장면을 찾아 거닐어 보고 그것을 기록으로 남겨도 좋을 것 같다. 어차피 아름다움은 저마다의 것이니까. 저마다의 관점을 담은 기록들이 더욱 의미 있을 것이다.

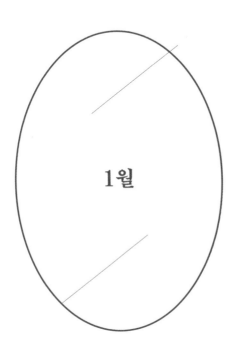

1월

1월 5일, 겨울산

겨울산을 보면 커다란 짐승이 웅크리고 있는 것 같다. 날이 좀
더 따뜻해지면 깨어날 거대한 생명의 기운이 먼 거리에서도
느껴진다.

겨울의 산은 언뜻 쓸쓸하고 황량해 보이지만 그 안에 조만간
폭발하듯 뿜어져 나올 봄빛의 향연을 숨기고 있다. 이파리가
없어 무채색 같아도 자세히 보면 나무 한 그루 한 그루에
저마다의 빛깔이 묻어 있다. 가지 끝에 겨울눈 빛깔들이 모여
멀리서도 보라색이 살짝 돈다. 저 안에 노오란 생강나무 꽃도,
산벚나무의 밝은 연보랏빛 꽃송이도, 알알이 붉게 익어갈

산딸기 열매도, 실베짱이의 날갯짓도, 꿀벌들의 웅웅대는
소리도 모두 담겨 있을 것이다.

괴테가 그랬다고 한다. 로마를 볼 때는 육체의 눈으로 보지
말고 마음의 눈으로 보라고. 맞다. 마음의 눈으로 세상을 보면
훨씬 많은 것이 보이고, 좋게도 보인다. 우리가 좇는 행복
역시 물리적으로 측량할 수 없으며 각자의 마음속에 그 답이
있다. 세상을 볼 때 조금 다른 눈으로 깊이 들여다보는 습관을
들이면 주변의 것들이 훨씬 아름답게 보일 것이다.

○ 임실 시골집에서

1월 6일, 중국단풍 열매

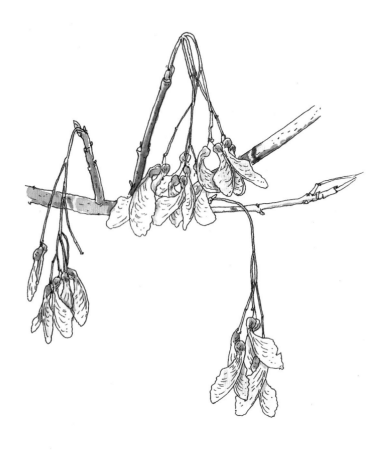

단풍나무 종류는 모두 시옷 자 열매를 매달고 있다. 초록이던
열매가 가을이 되면서 건조해 갈색으로 변한다. 잘 말라야
가볍게 날아갈 수 있다. 그런데 1월인 지금도 아직 나무에
매달려 있는 열매가 있다. 왜일까? 가을이 되면 모든 열매가
무르익고, 다 익은 열매들은 멀리 날아가 버릴 거라고

생각하기 쉽지만 이렇게 겨울나무에 오래 붙어서 남아 있는 열매도 많다.

식물의 입장에서 생각하면 이해가 된다. 굳이 가을이라는 한 계절에 모든 열매와 씨앗을 떠나보내야 하나? 이듬해 봄에 새싹을 내면 그만이지, 꼭 가을에 열매를 떨구는 작업을 다 마쳐야 할 이유가 없다. 오히려 겨울까지 열매를 매달고 버티는 게 유리할 수도 있다. 눈이 쌓인 뒤에 씨앗을 떨어뜨리면 눈이 녹으면서 수분이 충분히 제공되고, 눈이 많이 쌓인 곳이라면 녹을 때 약간의 이동도 기대할 수 있다.

또한 겨울에 나뭇가지 끝에 남아 있는 열매들은 혹독한 추위를 견뎌야 하는 야생동물과 새들에게 좋은 먹이가 된다. 동물들이 살아야 나중에도 열매를 먹고 먼 곳으로 데려다 줄 테니 서로에게 좋은 일이다. 그러니, 겨울나무에 매달린 열매를 보고 '겨울인데 왜 아직도 안 날아갔지?' 하고 안타까워 할 이유가 없다. 걱정하지 않아도 된다.

○ 전주 집에서

1월 10일, 서양달맞이 로제트

겨울이 되면 대부분의 풀은 죽는다. 하지만 죽지 않고 살아서 겨울을 버티는 풀들이 있다. 키를 한껏 낮춰 추위를 피하고, 몸을 쫙 펼쳐 햇빛을 최대한 많이 받고, 땅바닥에 바짝 엎드려 지열을 이용해서 몸을 덥힌다. 겨울에도 그렇게 몸을 낮춰서 살아간다. 땅에 펼쳐진 모양이 꼭 장미를 닮았다고 해서 이런 풀을 로제트식물*이라 부른다.

이들이 애써 맨몸으로 겨울을 견디는 건 왜일까? 봄이 오면 누구보다 먼저 꽃대를 올려서 꽃가루받이**를 하기 위함이다. 이모작 하듯 자주 번식해서 세를 늘리려는 풀들이 주로 이런 전략을 쓴다.

로제트식물 입장에서, 만약 겨울이 없다면 어떨까? 그렇다면 다른 풀들도 지상에서 함께 살아갈 것이니 경쟁자가 많아진다. 혹독한 추위가 와서 다른 식물은 죽고 잘 준비된 자신들만 겨울나기를 해야 유리하다. 그러니 이들은 힘들어도 겨울을 기다릴 것이다. 기회를 잡기 위해 시련을 기다리는 삶인 셈이다.

---

*   영어 로제트(rosette)가 장미 문양, 장미 매듭, 장미 비슷하게 생긴 무언가를 뜻한다.
**   수술의 꽃가루를 암술머리로 운반하는 과정. '수분'이라고도 한다. 종자식물은 이를 통해 씨앗을 얻어 번식한다. 식물은 스스로 움직이지 못하기에 보통 곤충이나 새, 바람의 도움을 받아 꽃가루받이를 한다.

위기는 한편으로 기회다. 이 말을 이해하고 싶다면 겨울날 길을 걸을 때 발아래를 잘 살펴보라. 땅에 바짝 붙어서 추위를 견디는 냉이, 민들레, 달맞이꽃, 개망초 이파리를 볼 수 있을 것이다. 그 모습에서 내가 놓치고 있던 열정과 끈기를 재발견해 보자.

○ 전주 다가동

1월 19일, 박주가리 열매와 씨앗

새해를 맞아 시골집에 갔다. 간 김에 좀 오래 머물게 됐다. 어느 날 산책을 하는데 동네를 벗어나자마자 박주가리 열매가 보였다. 열매가 갈라져 막 하얀 솜털을 단 씨앗들이 빠져 나오고 있었다. 바람만 한 줄기 불어 주면 금세 날아갈 것 같다.

어릴 땐 박주가리 열매를 보면 그렇게 반가웠다. 동네 아이들이 모두 이 열매를 갖고 놀고 싶어 해서 마을 인근에선 찾아보기도 힘들었다. 박주가리 열매를 반으로 쪼개서 '후~' 하고 불면 씨앗들이 하늘로 날아가는데, 그걸 쳐다보는 게 너무 재밌었다. 뭐랄까, 어른들이 담배 피우는 이유가 연기와 함께 근심걱정도 날아갈 것 같아서라고 했던가? 하늘로 훨훨 날아오르는 솜털 달린 씨앗들이 부럽기도 하고, 그 장관을 만들어 낸 게 나여서 더 신이 났던 것 같다.

혹자는 박주가리가 너무 번성하면 생태계 균형이 깨질 수 있으니 씨앗을 날리지 말고 없애 버려야 한다고 주장한다. 그러나 그리 걱정할 일 아니다. 박주가리 열매 하나에 든 씨앗을 꺼내 세어 본 적이 있는데 대략 200개가 넘는다. 그게 모두 발아에 성공해 돋아난다면 정말로 박주가리 세상이 되겠지만 극히 일부만 돋아난다.

발아율이 낮은 식물일수록 더 많은 씨앗을 만들고, 발아율이

높은 식물일수록 씨앗을 적게 만든다. 즉 씨앗이 많다는 것은 발아율이 높지 않다는 뜻이기도 하다. 대자연 속에서 생물은 그렇게 서로 적절한 균형을 맞추며 살아가고 있다.

문제는 인간이다. 사람들이 식물원이나 수목원, 자기만의 텃밭을 가꾸게 되면서 자기 영역에 다른 식물이 날아오는 것을 마치 침략자 대하듯 한다. 필요에 의해 특정 식물만 길러야 한다면 그 땅에 돋아난 잡초만 뽑아내면 그만이다. 괜히 다른 식물을 혐오해선 안 된다. 식물은 잘못이 없다. 그것을 미워할 이유조차 스스로 만든 것이 아닌가.

○ 임실 시골집에서

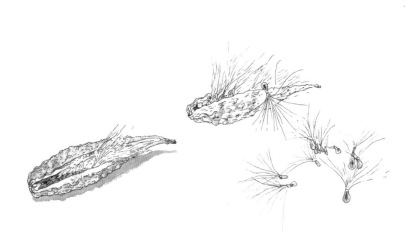

1월 23일, 최고령 참죽나무

전주에 머무는 시간이 길어지고 있다. 오랜만에 한옥마을 쪽으로 걷다가 이 녀석, 아니 이 어르신을 만났다. 수 년 전에 보아서 이미 알고 있던 나무다.

일단은 꽤 크다. 앞에 보호수라는 팻말이 걸려 있는데 수령이 350년이라고 한다. 만만한 세월이 아니다. 인간은 살아 낼 수도 없는 나이다. 그래서인지 우리는 100살 넘은 나무만 봐도 가던 길을 멈춘다. 그런데 350년이라니! 수억 수천 년을 쉬이 입에 올리지만 삶을 찬찬히 가늠해 볼라치면 100년도 긴 세월이다. 매해 싹을 내고 꽃을 피우고 열매를 맺고⋯⋯ 그렇게 한 해가 갈 때마다 나이테를 한 개씩 만들었을 텐데, 그 삶이 인간의 삶에 비춰 모자람이 없다.

더욱이 이 나무는 참죽나무다. 과연 100살 넘은 참죽나무를 본 이가 몇이나 될까? 참죽나무는 느티나무나 은행나무처럼 오래 사는 나무가 아니다. 그래서 노거수를 보기 쉽지 않다. 그런데 무려 350살이다. 내가 본 바로는 가장 나이가 많은 참죽나무였다. 궁금해서 검색해 보니 우리나라에서 제일 나이 많은 참죽나무가 이 나무가 맞았다.

'000 보유국'이란 말을 요새 종종 듣는다. 전주는 '최고령 참죽나무 보유 시'다. 어느 분야의 챔피언을 보유한다는 것은 나름 의미 있는 일이다. 그걸 안다면 가던 걸음 멈추고 오래

바라보게 되지 않을까? 아는 만큼 보인다는 건 이럴 때 하는
말 같다.

○ 전주 한옥마을에서

바닥에 열매 쭉정이가 떨어져 있다.
씨앗은 바람에 다 날아가고 없다.

1월 25일, 상수리나무 도토리

숲을 걷다가 종종 사람 가슴 높이에 큰 상처가 있는 나무를 본다. 십중팔구 상수리나무다. 어떻게 생긴 상처일까? 그리고 왜 상수리나무일까?

상수리나무는 도토리가 열리는 참나무 종류의 하나다. 참나무 중에 제일 큰 도토리가 열린다. 굴참나무 도토리도 크기가 비슷하지만 상수리나무 개체수가 더 많고, 열매 깍지에서 도토리도 쏙쏙 잘 빠진다. 그래서 주로 상수리나무 열매로 도토리묵을 만든다. 여기에 답이 있다.

도토리는 따지 않고 줍는 열매다. 내일 떨어질 도토리는 오늘 나무를 세게 흔들면 떨어진다. 그래서 내일 한 번 더 올 수고를 줄이기 위해 떡메를 갖고 다니며 나무줄기를 세게 치거나 주변에 있는 큰 돌로 나무를 친다. 그러면 도토리가 우수수 떨어진다. 상수리나무의 상처는 사람이 낸 것이다.

더욱 안타까운 것은 도토리가 해거리(격년결실) 하는 걸 막기 위해 나무에 일부러 상처를 내기도 한다는 것이다. 나무가 상처를 입으면 그것을 치유할 때 나오는 호르몬이 꽃눈을 많이 만드는 작용을 해서 열매가 많이 열린다. 나무들은 보통 한 해에 열매가 많이 열리면 에너지를 효율적으로 쓰기 위해 다음 해에는 열매를 적게 만드는데, 사람들이 그것을 참지 못하고 나무를 아프게 해서 열매를 더 얻으려 한다.

가벼운 상처는 스스로 치유할 수 있다. 시간이 지나면 잊히고
사라지는 상처도 있다. 하지만 누군가 강하게, 끊임없이
준 상처는 혼자 힘으로 헤어나기 어렵다. 상수리나무의
숙명인 건가? 다행히 요즘은 야생 도토리 채취가 불법이고
야생동물에게 돌려줘야 한다는 인식도 퍼져 이런 행위를
볼 수 없게 되었다. 좀 더 시간이 지나면 상수리나무의 깊은
상처도 아물게 될까? 그러기 전에 그 속으로 버섯이나 곤충이
파고들어가 살면 나무가 썩거나 상처를 더 키울 수도 있다.
그러면 상수리나무의 또 다른 싸움이 시작된다.

○ 전주 완산칠봉에서

<u>1월 31일, 겨울나무</u>

겨울이 되면 나무는 잎을 모두 떨구고 맨살을 드러낸다.
겨울에도 잎을 떨어뜨리지 않는 상록수(늘푸른나무)가 있지만
우리나라에 사는 대부분의 나무는 낙엽수(잎지는나무)라
가을부터 잎을 떨어뜨리고 겨울엔 거의 알몸이 된다. 잎이
진 나무를 보면 쓸쓸하게 느껴진다는 사람도 있지만 다른
한편으론 나무의 진면목이 드러난 듯 단정하고 멋져 보인다.

일 년 동안의 할일을 마무리하고 잠깐 쉼을 갖는 나무의
모습. 그게 겨울나무다. 겨울에 산책하다 이런 나무를 만나면,
뿌리부터 줄기 끝까지 힘차게 물을 끌어 올리던 여름날의
모습을 상상하며 나무줄기를 눈으로 따라가 보자. 그렇게
하는 것만으로도 나무와 조금은 친해진 느낌을 받을 수 있다.
다가가서 나무를 만지고 안아 주면 더 친해질 것이다.

겨울나무 이름을 알아맞히는 것은 식물 관찰에 익숙한
사람이 아니라면 쉽지 않다. 하지만 몰라도 된다. 눈앞의
나무 이름에 너무 얽매이지 말자. 어차피 도감에 나와
있는 식물명은 사람들이 공부하고 외우기 좋게 분류해
놓은 것이지 나무들 본연의 이름은 아닐 것이다. 비슷하게
생겼다고 어찌 다 느티나무라는 한 가지 이름만 있을까.
우리 인간도 같은 호모사피엔스지만 각자의 이름이 있듯,
느티나무들도 그럴 것이다.

○ 서울 후암동에서

32

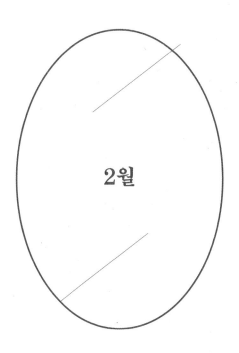

2월

2월 1일, 사철나무 열매

겨울에도 아직 열매를 매달고 있는 사철나무. 빨간 열매는
새들이 겨울을 나는 데 요긴한 양식으로 쓰일 것이다.

사철나무는 대표적인 상록수다. 이름도 '사철' 나무다.
겨울이 되어도 단풍이 들거나 잎이 지지 않는다. 주위에
많은 나무들이 잎을 떨어뜨리고 가지만 앙상하게 남았을 때,
홀로 푸름을 유지하는 이런 나무에 사람들은 예부터 마음이
끌렸다. 늘푸른나무가 품은 에너지를 신성시했다.

크리스마스에 호랑가시나무 가지를 문 앞에 걸어 놓는 것도,
우리 민족이 아이를 낳거나 장을 담글 때 쳐 두었던 금줄에
소나무 가지가 빠지지 않았던 것도 같은 이유에서다. 겨울을
견디는 강한 힘으로 부정적인 기운을 막아 주십사, 앞으로
우리 가정에 두루 평안함을 가져다주십사, 하는 소망으로
곁에 두었을 것이다.

남과 다름에 속상해 하거나 기운 빠지지 말자.
오히려 그 특별함을 즐기자.

○ 서울 후암동에서

2월 5일, 하늘 나누기

느티나무는 하늘을 이렇게 나눈다.
나무들은 저마다 다르게 하늘을 나눈다.

내 키보다 높은 나무를 올려다보며 가지가 허공에
그린 그림을 감상한다. 파란 하늘은 도화지. 그 공간을
나뭇가지라는 펜이 지나가며 그림을 그린다고 상상해 보면,
나무들은 저마다 자기만의 화풍을 가진 화가들 같다.

나무가 자라나는 형태를 수형樹形이라고 한다. 나무마다
고유한 수형이 있는데 그것은 나뭇가지의 뻗는 모양에 따라
완성되고, 그 모양은 겨울눈에서 시작된다. 겨울눈이 어느
위치에 붙어 있고 그 안에 어떤 모양을 품고 있느냐에 따라
나무의 기본 형태가 결정된다.

물론 바람이 거칠게 불거나 햇빛이 강하거나, 땅속의
영양상태가 다르거나 병충해로 인해 어느 부위가 덜
자랐거나 하는 후천적 이유로도 나무 모양이 달라질 수
있지만 그로 인해 기본적인 골격이 무너지지는 않는다.
겨울나무가 하늘에 그린 그림을 감상하며 앞으로 완성될
나무의 형태를 짐작해 보는 것. 이것도 겨울에만 할 수 있는
자연관찰의 묘미다.

어스름한 저녁이나 새벽에 나무를 보면
실루엣이 더 명확하게 드러난다.
나무의 종류마다 제각각 다른 가지 뻗음을 하며
나아가는 것을 비교하며 감상하는 재미가 있다.

○ 서울 후암동에서

버즘나무   가죽나무

백목련

오동나무

2월 12일, 까치

설날에 차례를 지내고 잠시 짬을 내 마을을 한 바퀴 도는데
까치가 둥지를 짓겠다고 나뭇가지를 물고 날아간다.

'아니, 벌써 집을 짓나?'

까치의 집짓기는 2월 말이나 3월 초 정도로 알고 있는데
벌써 준비를 하다니 부지런하다. 까치는 예전에 쓰던 둥지를
수리해서 다시 쓰기도 하고, 새집을 지을 땐 약 2000개가
넘는 나뭇가지를 사용한다고 한다. 정말 많은 숫자다.

놀라운 건 손이 두 개나 있는 우리 인간도 나뭇가지로 그런
둥지를 만들지 못한다는 것이다. 물론 많은 사람이 오래
궁리하고 여러 가지 도구를 사용하면 해낼 수도 있겠지만,
까치처럼 부리만 가지고 일일이 물어다 날라 끼워 맞추면서
둥지를 짓기란 무척이나 힘든 일이다. 그 어려운 일을 오직
자식을 낳아 잘 길러 보겠다는 일념으로 해낸다.

이맘때 길을 걷다가 전봇대 밑이나 가로수 아래 작은 나무
막대기들이 떨어져 있는 것을 본다면, 고개 들어 위를
올려다보라. 아마도 그 위에서 까치가 둥지를 짓고 있을
것이다. 자연을 관찰하다 보면 자연히 새에 대한 관심도
생기는데, 까치가 둥지를 짓는 장면은 도시에서도 쉽게 볼 수
있으니 한 번쯤 관심을 갖고 관찰해 보길 권한다. 해마다 언제
처음 그 장면을 봤는지 기록해서 비교하는 것도 의미 있는

일이다. 별것 아닌 일 같지만 차곡차곡 결과물이 쌓이면 좋은
관찰 자료로 남는다.

○ 임실 시골집에서

2월 13일, 큰개불알풀

개불알풀은 열매가 개의 불알을 닮았다 해서 붙은 이름이다.
그게 민망하다며 요새는 '봄까치꽃'이라고 바꿔서들 부르는데
굳이 그럴 필요가 있을까? 이름은 관념적인 것보다 직관적인
것이 더 기억하기 좋다.

개불알풀은 작지만 여러모로 신비한 풀이다. 꽃이 보기 드문
파란색이라 더 귀하고 신기하게 느껴진다. 꽃잎이 네 장인 듯
보이지만 자세히 보면 네 갈래로 파인 한 장이다. 겨울 지나
어느 식물보다도 먼저 꽃을 피우는데, 아직 추위가 가시지
않았는데도 핀다. 나무 중에 매화가 일찍 꽃을 피운다면 풀
중에선 이 녀석이다. 주변에 지고 있는 꽃도 있는 걸로 보아
이미 며칠 전에 첫 꽃을 낸 것 같다.

그러자면 햇볕이 잘 드는 곳에서 자라야 한다. 겨울에도
그늘이 큰 상록수 아래는 살기 좋지 않다. 잎이 떨어진 낙엽수
아래나 뻥 뚫린 공간이 좋다. 나무 밑에 자리를 잡았다면
나뭇잎이 돋아나 그늘이 생기기 전에 생체 시계를 서둘러
돌려야 한다. 워낙 작은 풀이라 큰 에너지를 쓰지 않아도 되니
일찍 꽃을 피울 수 있다.

이른 봄에 꽃을 피우는 풀들은 대부분 이렇게 부지런하다.
'호랑이처럼 보고 소처럼 걸어라'거나 '아무리 바빠도 실은
바늘허리에 묶어 못 쓴다'면서 요즘은 느긋하게 행동하는

것을 미덕으로 삼는 듯하지만, 때론 좀 서두르고 부지런을 떨어야만 가능한 일들이 있다.

○ 임실 시골집에서

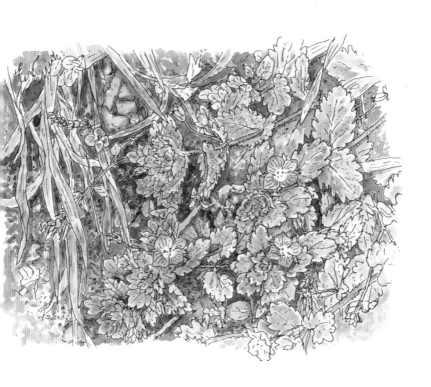

2월 13일, 꿀벌

설 다음 날에 큰개불알풀 꽃이 피어 있는
것을 보고 놀랐는데 그새 꿀벌 한 마리가
날아온다. 벌도 벌써 깨어났나?

양봉 일을 하는 분께 여쭈니, 벌을 깨우는 시간은 양봉하는
사람 마음이란다. 벌은 겨울잠을 자는 게 아니라 벌통 속에서
자기들끼리 뭉쳐 온도를 유지하고 모아 놓은 꿀을 먹으며
겨울을 보낸다고. 양봉업자에 따라서는 벌이 겨울에 먹는
꿀도 아까워 그 대신 설탕물을 주기도 한다고 한다. 보통은
날이 따듯해지고 꽃이 필 무렵에 벌을 깨우는데 기준은 단
하나, 밖에 꽃이 피어 있어야 한다. 그렇다면 야생 꿀벌도
같지 않을까?

식물은 벌이 깨어날 시기를 미리 알아서 꽃을 피우고, 벌은
그 꽃이 필 것을 알기에 깨어나는 것. 그런 신뢰가 오랜 세월
이어졌을 것이다. 벌과 식물의 관계에 대해 중요한 것은
모두가 알고 있다. 벌은 꽃으로부터 꿀이나 꽃가루를 얻고,
그렇게 부지런히 움직이는 벌들 덕분에 식물은 꽃가루받이를
하는 상부상조의 관계 말이다.

"꿀벌이 사라지면 3년 내에 인간도 사라질 것"이라고
예언했던 아인슈타인의 말도 유명하다. 지구 생태계 유지에
꿀벌의 역할이 그만큼 중요하다. 물론 인간 생명의 연장을

위한 방편들이 다양하게 마련된 지금에야 3년보다 더
걸리겠지만, 그렇다고 꿀벌의 중요성이 사라지진 않는다.
그런데 그냥 '중요하다, 대단하다'는 식의 표현으로 충분할까?
곤충과 식물의 오랜 유대 관계는 서로에 대한 '필요'보다는
'신뢰'라는 단어가 더 잘 어울린다. 인간도 다른 생명
존재들과의 신뢰 구축이 절실한 시점이다.

○ 임실 시골집에서

2월 14일, 부부 느티나무

시골집에서 조카와 함께 산책을 나섰다. 버들강아지도
만나고, 고라니 똥도 보고, 자연이 품은 신기하고 아름다운
것들을 여럿 만났는데 마지막에 이 나무를 보았다. 느티나무
한 쌍이다. 어릴 적에 타고 올라간 경험이 있는 나무로, 두
그루가 곁에 있는 서로를 의식하며 자랐다.

전체적인 수형을 보면 왼쪽 나무는 오른쪽으로는 가지를 덜
뻗고, 오른쪽 나무도 왼쪽으로는 가지를 덜 뻗으며 자랐다.
서로가 있는 방향으로는 가지를 덜 뻗고 반대쪽으로 더 많이
뻗으며 자라다 보니 두 그루가 마치 한 그루처럼 둥그렇게
원을 그리며 컸다. 만약 둘 중 하나를 베어낸다면 나머지도
결국은 죽게 될 것이다. 그래서 이런 나무를 '부부나무' 혹은
'혼인수'라고 부른다. 한 쪽이 죽으면 다른 나무도 얼마 못 가
시름시름 앓다 죽어 가는 것을 보고 금슬 좋은 부부 관계에
빗댄 것이다.

그런데 이런 현상은 과학적일까? 햇빛과 바람의 양이 급격히
달라지면 나무들이 적응하지 못하고 죽을 수 있다. 물론
환경에 적응하면 죽지 않는다. 그러나 오랫동안 옆에 쌍둥이
같은 나무가 함께 자라는 상태로 햇빛과 바람의 양을 계산해
왔을 테니, 어느 한 쪽이 사라져 그 조건이 급격히 달라진다면
당황스러울 수 있다.

부부도 그럴까? 오랜 시간 서로에게 맞춰 살다가 한 쪽이
사라지면 변화에 적응하기 힘들어질까? 내가 볼 때는
부부보다는 부모와 자식 관계에 비유하는 게 더 어울릴 것
같다. 어느 한 쪽이 사라지면 정말 심각하게 타격을 받는 것은
부부보다는 부모와 자식 관계일 테니까. 가까운 관계일수록
너무 간섭하지 말고 적당한 거리를 두며 사는 게 좋다. 아이가
자랄수록 부모는 그 거리를 잘 조정해야 한다. 우리 조카도
이제 다 커서 내가 이래라 저래라 간섭하는 것을 그만둘 때가
된 듯하다.

○ 임실 시골집에서

2월 20일, 아까시나무 열매

산책하다 발밑에 떨어져 있는 아까시나무 열매를 발견했다.
도심에도 흔한 나무라 어딜 가든 열매를 볼 수 있다. 그런데
가끔 주변을 둘러보면 나무는 없는데 열매만 떨어져 있는
경우가 있다. 어디서 이렇게 멀리 온 걸까?

내가 처음 자연 공부를 할 때만 해도 콩과※ 식물들은 모두
열매 꼬투리가 반으로 쪼개질 때의 반발력으로 안에 있던
씨앗이 튕겨 나가는 줄 알았다. 당시에 보던 책들에서 다
그렇게 설명하고 있었다. 하지만 현장에서 오래 관찰해 보니
아까시나무는 그렇게 씨앗을 보내지 않고, 열매가 반으로
쪼개져서 그대로 바람을 타고 날아간다. 씨앗에 탯줄 같은
게 붙어 있어서 열매가 쪼개져도 바로 튕겨 나가지 못한다.

오히려 열매 깍지에 잘 붙어 있다가 함께 바람을 타고 멀리 날아간다.

같은 콩과 식물인 자귀나무와 박태기나무도 열매를 통째로 바람에 날린다. 그래서 더 멀리 날아가기 위해 아주 얇고 넙적한 꼬투리를 만든다. 책에 실린 내용이 틀린 경우가 종종 있는데, 특히 자연 현상은 다양한 상황에서 다양한 모습으로 관찰되기 때문에 정답으로 알려졌던 것들이 훗날에 다시 뒤집히곤 하는 것 같다. 그러니 책에서 본 것을 무조건 믿는 태도는 좋지 않다.

자기 눈으로 관찰할 수 있는 것은 직접 찾아서 봐야 한다. 자주 나가서 많이 봐야 한다. 아까시나무 씨앗이 바람을 타고 날아간다는 것을 이제는 많은 사람이 알게 되었다. 꾸준히 관찰하고 기록해 온 사람들 덕분이다.

○ 전주 완산칠봉에서

2월 22일, 벚나무 겨울눈

날이 풀리면서 겨울눈에 물이 차올랐다.
곧 움이 트겠다.

겨울눈은 언제나 그 모습 그대로일 것 같지만 그렇지 않다.
겨울눈은 나무에 새 가지가 만들어질 때 이미 조그맣게
생겨난다. 그리고 나무와 함께 점점 커져서 가을부터 이듬해
겨울까지는 비슷한 모습으로 있다. 그래서 마치 다 자란 듯
보인다. 하지만 새봄이 오려 하면 겨울눈은 다시 통통하게
살이 오르고 그 뒤에 싹이 나온다. 지금이 바로 싹 나오기
직전, 겨울눈이 통통해지는 시간이다. 마치 개구리가 뛰기 전
몸을 움츠리거나 미사일이 발사되기 직전에 점화를 기다리는
순간 같다.

봄이 오기 시작하면 주변에서 많은 식물이 폭발적으로
솟아나 싹을 틔운다. 워낙 많은 종류의 식물이 새싹을
내기 때문에 관찰하려면 정신이 없다. 그리고 지금은,
폭풍전야처럼 움트기 직전의 벚나무 겨울눈을 지켜보며
조용히 그 순간을 기다리고 있다. 꽃이든 잎이든 활짝 핀
모습도 아름답지만 그것을 피우기 위한 준비와 기다림의
시간도 아름답다.

○ 전주 집에서

2월 26일, 모란 싹

아버지가 키우던 모란 중에 한 그루를 전주 집으로 옮겨
심었다. 이곳에서 제대로 살 수 있을까 걱정을 했는데 다행히
곧바로 적응해서 뿌리를 내리고 새싹이 나왔다. 갑옷 같은
겨울눈 껍질을 벗으며 불그스름한 싹이 드러났다. 조그만
겨울눈 안에 용케도 저렇게 복잡한 것을 품고 있었다.

겨울눈에서 새로 돋아난 싹을 보면 앞으로 어떻게 자랄지
어느 정도는 짐작이 된다. 바닷가 해초처럼 복잡하게 감싸인
부분은 잎이 될 것이다. 모란은 잎이 아주 많다. 그리고
뾰족하지 않고 동그란 곳에서는 꽃이 나올 것이다. 꽃이 나올
머리 부분을 동그랗게 감싸고 있는 모양새다.

나무의 겨울눈 중에 겹잎(복엽)으로 자랄 잎을 간직한 것은
겨울눈도 큰 편이다. 속에 큰 꽃을 간직한 겨울눈도 몸집이
크다. 큰 것을 품고 있으니 겨울눈도 큰 것이다. 그래서
겨울눈을 '나무의 미래'라고 부른다.

3월이 되면 왼쪽 그림의 싹이 아래 그림의 잎들처럼 펼쳐질
것이다. 그리고 4월이 되면 아주 커다란 함지박 같은 꽃이 필
것이다. 시작이 반이란 말은 이럴 때 잘 어울린다. 새로 싹을
내기 시작한 것. 그것만으로도 나무는 올 한 해를 잘 시작하고
있다.

○ 전주 집에서

2월 28일, 원추리 싹

일을 하다 잠깐 산책을 나섰다. 늘 그렇듯 주변을
두리번거리며 걷다가 생각지도 못한 것을 발견했다.
바로 원추리 싹이다. 3월 중순은 돼야 나올 줄 알았는데
생각보다 빠르다. 이맘때는 냉이와 개망초처럼 겨울을 잘
버틴 로제트식물이 푸른빛으로 바뀌며 새싹도 내고 봄을
준비하는데, 원추리가 벌써 싹을 내다니! 로제트 외에 이렇게
빨리 한 해를 시작하는 식물이 있었나 싶다. 늘 안다고
생각했던 것도 새로운 사실 하나에 변화를 맞는다.

원추리는 신기하게도 싹은 이렇게 빨리 내면서 꽃은
여름에야 핀다. 그 사이엔 열심히 몸집을 키운다. 그러고
보니 로제트인 달맞이꽃도 혹독한 겨울을 견뎌내고는 정작
꽃은 여름에 피운다. 그렇다면 군이 어렵게 겨울을 날 필요가
있었을까? 역시 빨리 나와서 몸집을 튼튼히 하는 데 목적을
두었나 보다. 나무도 새봄에 꽃이 먼저 피는 종류가 있고 잎이
먼저 나오는 종류가 있듯, 비슷한 이치인 것 같다. 반드시
꽃을 먼저 피우기 위한 목적이 아니라 다른 이유로 이른
봄에 서둘러 나오는 풀들이 있다. 세상은 한 가지 이유로만
굴러가지 않는다.

○ 남산에서

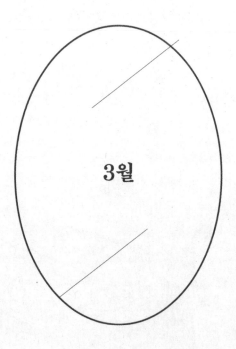

3월

3월 1일, 스트로브잣나무

도심에서 쉽게 만나는 나무 중에 잣나무가 있다. 우리나라 토종 잣나무 말고 종자를 수입해 온 스트로브잣나무가 훨씬 많이 보인다. 조경수로 많이 심기 때문에 아파트단지에서도 볼 수 있다. 조경수 중에는 사람들이 어여삐 여겨 즐겨 심게 된 것 외에 나무를 한 번 심어 봤더니 생착률이 좋아서 조경회사가 열심히 심게 된 나무도 있을 것이다. 내 생각엔 토종 잣나무보다 스트로브잣나무가 그런 면에서 유리했을 것 같다.

잣나무를 비롯한 침엽수는 한 해에 한 마디씩 자라는 것이 많다. 이런 현상을 두고 '고정생장'한다고 말한다. 겨울눈이 한 해에 자랄 에너지를 품고 있다가 한 번에 쑥 키를 올리고는 더는 자라지 않는다. 그래서 침엽수는 나이를 세기가 간편하다. 한 해에 성장한 마디 한 칸, 말하자면 줄기에서 새 가지가 생긴 지점까지 한 칸을 한 살씩 계산하면 거의 맞아떨어진다. 이 때문에 침엽수는 나무를 자르지 않고도 나이테의 수와 간격을 예측할 수 있다. 나이테는 나무의 한 해 성장에 따라 동심원 간격이 달라지는데, 나이테의 폭이 넓은 해에 나무가 더 자란 것이다. 이는 가지의 마디 간 간격이 넓은 해와도 일치할 것이다.

나무가 생장하는 데는 햇빛, 온도, 바람, 물, 양분, 병충해 등 다양한 조건의 영향을 받지만 그중 변수가 가장 큰 것이

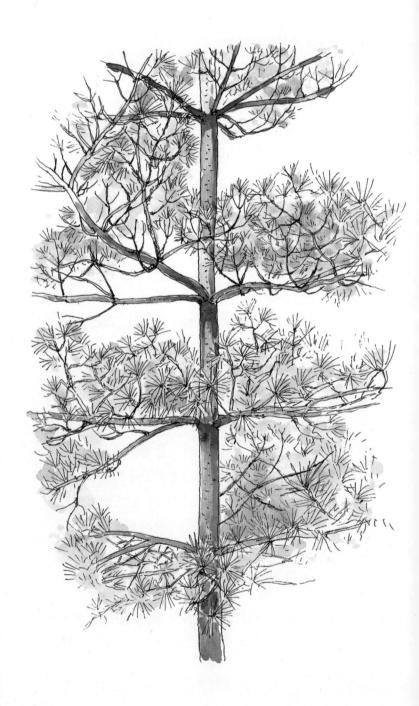

물이다. 따라서 해마다 잣나무 키가 자란 간격으로 해당 연도의 강수량도 대략 예측해 볼 수 있다.

이런 원리를 알고서 나무를 보면 나무 한 그루로부터 전해들을 이야기가 풍성해진다. 나무처럼 사람도 성장에 필요한 다양한 요소가 있다. 부모, 지역, 학벌, 선생님, 친구, 여행, 독서 등등……. 그 많은 요소 중에 내 의지로 바꿀 수 있는 것은 몇 안 된다. 그것을 찾아 더 관심을 쏟으며 노력하면 우리 삶의 나이테도 한층 두터워지지 않을까?

○ 서울 어느 길에서

열매.
스트로브잣나무는 토종 잣나무처럼 씨앗이 먹을 만하게 달리지 않는다. 소나무처럼 날개가 달린 씨앗이다.

자라난 키를 한 칸씩 세어 보면 나이를 알 수 있다. 옆으로 세어도 나이는 같다.

3월 4일, 매화

매화가 피었다. 벌이 날아온다. 이른 봄 노란색 꽃이 많을 때 매화는 밝은 흰색 꽃으로 피어 주목을 받는다. 선조들도 매화의 아름다움과 향기 그리고 추위를 뚫고 피어나는 기상을 칭송했다. 특히 이황의 매화 사랑은 유명하다. 유언으로 매화 화분에 물을 주라는 말을 남겼을 정도다. 살아서는 매화를 예찬한 시 107수를 짓고 그중 92수를 골라《매화시첩》을 펴냈다. 퇴계의 얼굴이 들어간 천 원권 지폐에도 그가 사랑한 매화가 함께 새겨져 있다. 어떻게 그렇게나 매화를 좋아할 수 있었을까?

사실 매화 향이 정말 좋긴 하다. 길을 걷다 향기를 맡고 발을 멈출 정도다. 그런데 너무 가까이에서 코를 대고 맡아 보면 별로다. 내겐 꼭 시너 냄새 같았다. 너무 진하다. 향 좋은 나무는 적당한 거리에서 보고 즐기는 게 좋다. 또한 매화는 꽃이 활짝 핀 모습도 아름답지만 피기 직전에 꽃봉오리에서 하얀 별이 보이는 것도 명장면이니 놓치지 말자.

매화는 꽃도 좋지만 매실이라 부르는 열매도 널리 사랑받는다. 자연 음식과 천연 조미료가 각광받는 요즘, 유행처럼 집집마다 매실청 한 병씩은 있다. 요리에 설탕 대신 사용하는 경우가 많고 열매 그대로 약재로도 쓴다. 꽃과 열매 모두가 사랑받는 나무는 그리 흔치 않다. 무엇이든 장점이 있으면 단점도 있게 마련이고 완벽한 존재란 있기

어렵다. 하나의 매력만 가져도 좋을 세상에 둘이나 가졌으니,
매실나무는 앞으로도 사람들과의 관계를 잘 유지해 나갈
듯하다.

○ 임실 시골집

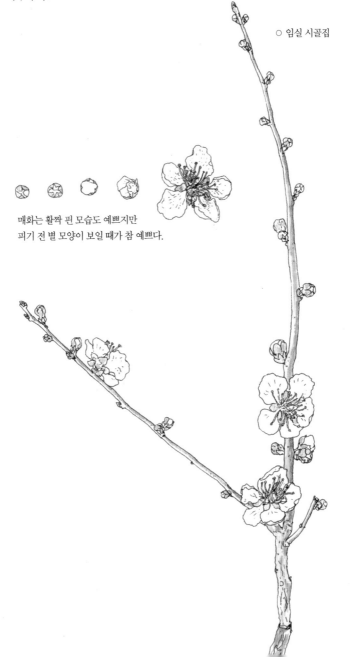

매화는 활짝 핀 모습도 예쁘지만
피기 전 별 모양이 보일 때가 참 예쁘다.

3월 5일, 갯버들

'봄의 전령사'라 일컬어지는 식물이 많다. 반면에 여름의
전령사라거나 가을의 전령사라는 말은 별로 들어보지 못했다.
긴 겨울 지나 봄을 맞이하는 반가움이 커서인지, 사람들은
유독 봄꽃에 의미를 부여한다. 갯버들도 봄의 전령사라
말하기에 손색이 없다.

갯버들은 다른 버드나무 종류에 비해 키가 작고 수명은
짧지만 꽃이 크다. 자세히 보면 화려하기까지 하다.
그림으로는 제대로 표현할 수가 없을 정도다. 암수딴그루로
자라는 갯버들은 암나무에 피는 암꽃의 색깔이 수꽃보다
심플하다. 꽃들의 복슬복슬한 털이 강아지를 연상시켜
'버들강아지'라고도 부른다.

어릴 적 시골 냇가엔 버들강아지가 가득했는데 늘 보던
것이라 당연히 귀한 줄을 몰랐다. 지금처럼 사라지게 될
줄이야 꿈에도 생각 못했다. 이제 우리 시골집 동네에서도
저수지 바로 아래, 처음 물길이 시작되는 냇가 상류에 몇
그루가 있고 그 아래로는 한 그루도 보이지 않는다. 마치
1급수에 사는 물고기 버들치처럼 만나기 어려운 식물이
되었다.

내게 갯버들은 만나는 순간 곧바로 어린 시절로 돌아가게
하는 추억의 나무다. 그 줄기로 버들피리를 만들어 놓았는데

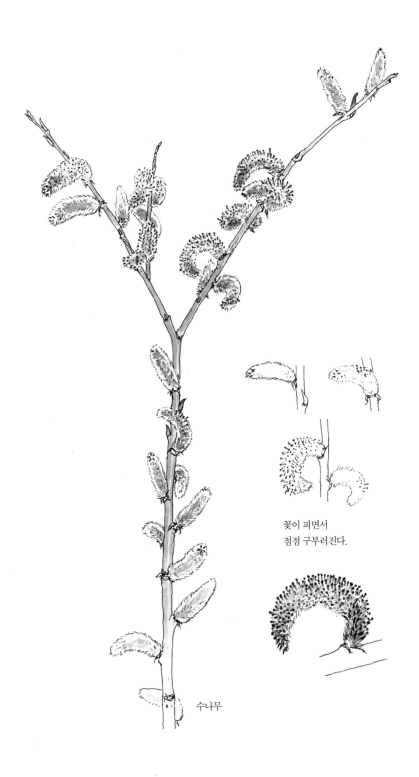

꽃이 피면서
점점 구부러진다.

수나무

우리 동네에선 이를 '세때기'라 불렀다. 갯버들 줄기를 잘라 비틀어서 한쪽을 이빨로 깨물어 껍질을 벗기고 '부~' 하고 불면 피리 소리가 났다. 줄기가 굵고 긴 것은 낮은 소리, 가느다랗고 짧은 것은 높은 소리가 났다. 누구에게나 어릴 때의 기억이 있고, 타임머신 타듯 그 기억 속으로 곧장 데려가 주는 무언가가 있을 것이다. 시골에서 유년을 보낸 내게는 자연이 주로 그런 대상이다.

○ 임실 시골집 동네에서

꽃을 자른 단면

암나무

암꽃.
수꽃에 비해 수수하다. 마치
동물의 세계에서처럼.

3월 6일, 버드나무

우리가 흔히 보는 버드나무는 수양버들이다. 그냥 버드나무는
보기가 쉽지 않다. 가지가 축축 처지는 성향이 없기 때문에
일반인이 볼 때 버드나무라고 생각하기도 어렵다. 시골길을
걷다 그 '버드나무'를 만났다. 대나무, 칡, 싸리나무와 더불어
선조들이 일상용품을 만드는 데 즐겨 사용하던 나무다.
바로 줄기의 탄성 때문이다.

버드나무는 '자율생장'을 하는 대표적인 나무다. 일 년에 여러
번 큰다는 뜻이다. 자율생장이라 해도 보통은 봄잎(춘엽)이
나온 뒤 여름잎(하엽)이 한 번 더 나오는 연 2회 생장이
대부분인데, 버드나무는 내가 지켜본 바로는 일 년에
네 번 자라는 것 같다. 그러니 생장이 빠를 수밖에 없다.
전주 우리집에도 버드나무가 있는데 4년 만에 줄기가 내
허벅지만큼 굵어졌다. 이렇게나 빨리 건중량*을 늘리는 것은
대단한 장점이다. 사람들이 나무를 키워 활용하기 좋다.

어린 버드나무는 탄력이 좋아 바구니 등을 만들 때 사용하고,
다 자란 나무로는 이쑤시개나 나무젓가락을 만든다.
아스피린과 버드나무의 관계도 널리 알려져 있다. 과거엔
버드나무 뿌리에서 그 성분을 추출한다고 들었는데, 최근
정보에 의하면 아스피린은 그냥 합성해서 만든다고 한다.

---

*   식물이나 동물을 건조시켰을 때의 무게.

다만 그 출발이 버드나무의 성분에서 온 것은 맞다. 여러모로 소용이 좋은 나무다.

버드나무 종류는 꺾꽂이도 되니 전천후로 번식 능력까지 좋다. 어느 이른 봄에 수양버들 가지가 바람에 떨어진 것을 보고 주워다가 물 컵에 꽂아 두었더니 놀랍게도 며칠 만에 뿌리가 났다. '와, 혹시 버드나무는 이렇게 줄기를 잘라 물에 떨어뜨리기만 해도 번식을 하는 건가?' 물가에 사는 식물이니 실제로 그런 일이 일어날 수도 있겠다 싶다.

바람에 꺾인 가지가 물에 떠내려가다 어느 곳에선가 멈춰 뿌리를 내릴 수도 있지 않을까? '새끼 낳는 나무'로 유명한 아마존의 맹그로브처럼 말이다. 맹그로브는 나무에서 떨어진 나뭇가지가 그대로 진흙땅에 박혀 새로운 개체로 성장한다. 버드나무도 비슷한 방식의 번식이 가능하지 않을까? 새끼를 낳는 나무라니, 상상만으로도 정말 신기하다.

○ 임실 시골집에서

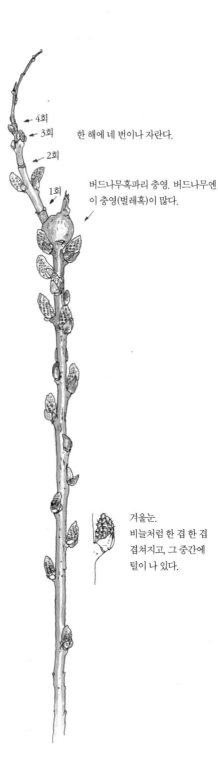

4회
3회 한 해에 네 번이나 자란다.
2회

버드나무혹파리 충영. 버드나무엔
이 충영(벌레혹)이 많다.

1회

겨울눈.
비늘처럼 한 겹 한 겹
겹쳐지고, 그 중간에
털이 나 있다.

3월 6일, 복수초

시골집에 갔다. 치매에 걸린 아버지는 매일 아침 산책을
나가신다. 농부로 살아오면서 매일 새벽 둘러보던 우리
논과 밭을 여전히 같은 루틴으로 돌아보신다. 특히 요즘엔
할아버지 산소에 매일 가신다. 걱정이 되는 나는 "아버지,
같이 가요." 하며 따라 나선다.

아버지는 고개를 넘으면서 칡뿌리를 캤던 자리며 누구네
묫자리 얘기를 해주고는, 논길을 걸으며 좋아하는 노래도 한
자락 부르신다. 나도 따라 부른다. 할아버지 산소에 가서는
"아버지, 저 왔습니다." 하며 매번 절을 하신다. 나도 함께
한다. 오랜만에 고향 왔으니 저수지 쪽에도 가고 싶다고
말씀을 드리니 같이 가보자며 앞서 걸으신다. 전해에
아버지와 내가 나무하러 왔던 곳이다. 그때만 해도 아버지는
손수 경운기를 운전하셨다.

걷다 보니 길 아래 계곡에 복수초 꽃이 피었다. 봄이 오기도
전에 눈 덮인 땅에서 꽃이 피어 '얼음새꽃'이라고도 부른다.
복수초福壽草는 수복강령을 바라는 의미로 붙은 이름인데
발음이 왠지 복수한다는 말을 연상시켜 요즘은 얼음새꽃이라
부르길 더 추천하는 듯하다. 그 앞에서 '아버지, 오래 오래
건강히 사셔야 해요.' 하고 마음으로 빌었다.

복수초는 곤충이 거의 활동하지 않는 이른 봄에 꽃을 피운다.

만두 찜기처럼 생긴 노란 꽃이 빛을 그러모아 표면온도를
올리고, 따듯해진 꽃에 일찍 활동을 시작한 등에나 파리가
날아온다. 어떻게든 꽃가루받이를 위해 애쓰는 모습이
가상하게 느껴진다. 혹독한 추위에 경쟁이 적은 틈새 시기를
노려 꽃을 피우고는 자신의 몸을 한껏 활용해 위기를 기회로
만든다.

'부디 아버지도 이 시기를 잘 넘겨서 내년에 또 함께 이 길을
걸을 수 있기를.' 그렇게 빌었건만 야속하게도 그 세 달 뒤에
돌아가셨다. 그리고 올해 1월, 아버지 무덤에 갔다가 혹시나
하고 그 저수지 아래에 다시 가봤는데 아직 복수초 꽃은
피지 않았다. 조금 더 기다렸다가 가봐야지. 우중충한 늦겨울
산골짜기를 화사하게 빛내 주던 그 복수초 꽃이 다시 보고
싶다.

○ 임실 시골집

3월 9일, 동백

동백을 한 그루 사서 심었다. 제주는 1월이면 동백이
한창인데 우리집 아이는 꿈쩍도 안 한다. 그러더니 3월이
되어 드디어 꽃을 피웠다. 겨울에 피어 동백 아닌가? 3월이면
이미 매화도 폈고 생강나무, 산수유 꽃도 피고 난 뒤다.
그런데 생각해 보면 제주와 전주는 온도 차가 크니 더 늦게
필 수밖에 없겠다.

가끔 전주에서도 1월에 동백이 피었다는 소식을 듣고
가 보면 동백이 아니라 '애기동백'이곤 했다. 애기동백은
동백과는 다른 나무다. 제주도에도 애기동백이 꽤 있다.
그래서 관광객들을 헛갈리게 한다. 애기동백은 꽃이 더 크고
꽃잎도 더 많다.

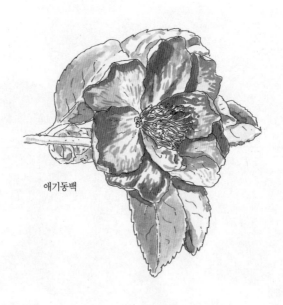

애기동백

전주에서 3월에 피는 동백은 꽃가루받이 걱정을 안 해도
된다. 제주에서는 곤충이 활동하기 전인 겨울에 피어
동박새의 도움을 받는다는데, 전주에서 3월이면 꿀벌이 한창
활동할 시기라 마음 졸일 이유가 없다. 저마다 있는 곳에서 제
살 방도를 구하는 것 아니겠나.

이렇게 이른 봄에 정열적인 붉은색 꽃을 피우는 건 쉬운
일이 아닐 것이다. 사계절 늘 푸른 잎을 매달고 있는 일도
쉬운 건 아니다. 동백은 언제나 에너지를 아끼고 끌어 모아야
하는 숙명을 타고났다. 그렇게 피운 꽃을 한순간에 뚝, 하고
통째로 떨어뜨린다. 같은 시기 다른 꽃들에 비해 크기며
색깔이 강렬해서인지, 사람들은 특히나 동백꽃이 지는 것을
안타까워한다. 하지만 제 할일 부지런히 하고 떠나는 것이니
너무 슬퍼하지 말자.

○ 전주 집에서

3월 14일, 산수유

2월에 꽃망울이 터질듯 말듯 하더니 3월이 되어서야 꽃이
나온다. 대도시 주택가에서는 새봄이 온 것을 알리는 봄의
전령사로 노란 꽃이 피는 이 산수유를 꼽는다. 꽃 모양이
비슷한 생강나무와는 꽃자루가 길어서 쉽게 구분된다.
무엇보다 생강나무는 도시에서 보기 어렵다.

산수유는 열매를 따지 않고 그대로 두면 새봄에 흔히 이런
모습으로 관찰된다. 작년에 생긴 열매가 비쩍 마른 채 매달려
있는 가지 사이로 노란 꽃이 핀다. 작년의 열매와 올해의 꽃을
동시에 보는 건 어느 나무에서나 종종 있는 일이다. 부모가
같은 첫째와 둘째 아이를 같이 보는 느낌이랄까? 나무에 꽃이
피고 거기서 다시 씨앗이 생기는 게 순환의 이치이고 보면,
한편으론 부모와 자식 관계 같다고도 볼 수 있다.

일본 덮밥 종류 중에 '오야꼬동'이라는 특이한 이름을
가진 것이 있다. 오야꼬를 한자로 '친자^{親子}'라고 쓰는데
일본에서는 부모와 자식을 의미한다. 닭고기와 달걀을 함께
넣은 덮밥을 그렇게 부른다. 작년의 열매와 올해의 꽃이 함께
있는 모습도 마치 그런 느낌이다. 같은 시간을 살 수 없는
것들이 뒤섞여 함께 있게 된 모습이 신기하고 재밌다.

밤송이는 땅에 심고 새싹이 나서 나무로 한참 자랄 때까지
땅속에서 그 모습을 오래 유지한다. 그래서 '조상을 잊지

않는다'는 의미로 밤을 제사상에 올리고 위패를 만들 때
밤나무를 사용하기도 한다. 그런 면에선 산수유의 이런
모습도 (새 꽃이 필 때까지 작년 열매를 그대로 달고 있으니)
'근본을 잊지 않았다'고 해석할 수 있겠다. 전 근무자가 새로
온 후임 직원에게 업무 인수인계를 하는 모양 같기도 하다.

열매와 꽃이 함께 있는 모습은 여러 가지로 '이어짐'을
생각하게 한다. 세상에 이어지지 않은 것이 있을까?

○ 서울 종로

3월 17일, 귀룽나무 새잎

나무가 자라면서 줄기가 용 아홉 마리가 휘감고 올라가는 모양이 된다 해서 '구룡나무'. 그 이름이 바뀌어 '귀룽나무'가 되었다고 한다. 벗나무와 많이 닮았다. 열매도 까맣게 익고 이파리에 밀선*도 있다. 그래서 벚나무 종류로 보기도 한다.

특히 이른 봄 숲에 갔다가 멀리 연두색으로 혼자서 빛나고 있는 나무를 보면 대개 귀룽나무다. 다들 먼저 꽃을 피우려고 야단일 때 잎부터 내는 나무다. 풀이 아닌 나무라서 체격이 크고 새잎도 밝은 연둣빛이라 눈에 잘 띈다.

사람마다 봄이 온 것을 체감하는 순간이 다 다를 텐데, 내 경우엔 꽃으로는 산수유나 생강나무의 노란 빛을 볼 때, 잎으로는 귀룽나무와 라일락의 연둣빛을 볼 때다. 산수유와

---

*   잎의 당 농도가 높을 때 끈끈한 액을 내보내는 분비선.

라일락이 도심에서 봄을 알리는 나무라면 귀룽나무와
생강나무는 숲속에서 볼 수 있다. 나는 주로 남산에 오르다가,
사방이 아직은 무채색 배경일 때 홀로 유채색으로 명도 높게
빛나고 있는 귀룽나무를 발견하면 비로소 '봄이 왔구나'
실감하며 마음이 설렌다.

지구가 태양 주변을 돌면서 생기는
계절의 변화를 어느 날 어느 한
시각에 정확히 감지할 수는 없지만 얼추
이 정도면 '봄이다' '여름이다' 말해도 되겠다 싶은
지점은 있다. 저마다 사계절을 느끼는 자기만의 시그니처를
하나씩 갖고 있다면 삶이 좀 더 낭만적이지 않을까?

○ 서울 남산

꽃은 벚꽃과 닮았지만 벚꽃이 진 후에 핀다.
꽃잎을 자세히 보면 주름이 져 있다.
그것도 꼭 관찰하길 바란다.

3월 19일, 회양목

길을 걷다 어디선가 달콤한 향이 났다. 발아래 키 작은
회양목에 꽃이 피었다. 그새 벌이 날아와 꿀을 따고 있다.
벌이 나오니 꽃이 핀 걸까, 꽃이 피니 벌이 나온 걸까? 오랜
시간 서로의 생체 시계를 맞춰 온 결과일 것이다.

회양목 꽃은 그리 눈에 띄는 색깔이 아니다. 노랑보다는
오히려 녹색에 가까워 이파리에 묻히는 느낌이다. 그러나
향기로 벌을 끌어들인다. 색과 향, 두 가지 작전을 모두 쓰는
것은 에너지 낭비일 수 있다. 자연은 전반적으로 효율을
따진다. 꽃잎의 크기와 색깔에 의존하지 않고 향기만으로도
벌을 불러 꽃가루받이를 성공시킬 수 있다는 자신감이
있으니 굳이 사치스럽게 치장하지 않는다. 필요한 때 필요한
모습으로 봄을 맞이하는 회양목에게서 오늘도 한수 배운다.

○ 서울

3월 24일, 백목련

목련 종류를 좋아한다. '나무에 핀 연꽃'이란 이름 뜻처럼
연꽃 같은 고귀한 느낌이 든다. 프랑스 식물학자 피에르
마뇰의 이름에서 따온 매그놀리아magnolia라는 이름도 왠지
우아하게 느껴진다. 그런데 중국 사람들은 목련 꽃을 보며
연꽃보다는 난을 연상했던 듯하다. 목련이라는 이름은
우리나라에서만 쓰고, 중국에서는 목란木蘭이라고 쓴다.
그 단어를 그대로 영어화해 〈뮬란mulan〉이라는 영화도
제작되었다. 백목련은 빛깔이 워낙 고와서 옥란玉蘭이라고
다르게 부른다.

목련에서 난을 떠올린 것은 아마도 향기 때문이지 않았을까?
목련과의 꽃들은 모두 향기가 좋다. 꿀 없이도 곤충을 부를 수
있을 정도다. 꽃 구조도 특이해서 곤충들이 왔다가 한 번에
빠져 나가지 못하고 암술대를 기어올라야 한다. 그러는 동안
꽃가루받이가 된다.

목련은 꽃받침이 따로 없고 암술과 수술의 구분도 없어서
흔히 '원시적'인 꽃이라고 설명을 한다. 실제로 화석으로
발견된 적도 있다. 그래도 꽃이 아름답고 향기가 이렇게
좋은데 표현이 좀 아쉽다. '원시적'이라고 말하면 언뜻 낡은
구조처럼 여겨지는데, 목련은 언제 봐도 세련되고 멋져서
구닥다리 꽃이란 느낌이 들지 않는다. 오래전 모습에서 크게
변하지 않고 지금까지 이어질 수 있었던 것은 원형의 생존

능력이 그만큼 좋았다는 뜻이다. 애초에 디자인이 잘 된
것이다.

목련은 꽃봉오리가 맺힐 때 겨울눈이 북쪽으로 휘어지면서
핀다. 그래서 과거엔 임금이 계신 곳을 향해 절을 한다고
'높은 충성심'에 비유되곤 했는데, 꽃이 알고 그러는 것도
아니고 궁궐보다 북쪽에서 피는 꽃은 어떻게 설명할 텐가.
중요한 것은 목련 꽃이 왜 북쪽 방향으로 휘어져서 자라는지
그 이유를 아직 모른다는 것이다. 남쪽 방향에 붙은 꽃잎이
빛을 더 잘 받아서 크게 자라니까 꽃 모양이 북쪽으로 휠 수
있다는 건 이치상 알겠는데, 애초에 왜 그렇게 설계됐는지를
알 수가 없다.

아무튼 봄에 목련을 만나거든 향기는 꼭 맡아봐야 한다.
눈에도 예쁘지만 코에도 예쁜 꽃이기 때문이다. 목련꽃을
연상하면 나는 코가 먼저 벌름거린다.

○ 전주

꽃봉오리가 북쪽으로
휘어지며 나온다.

3월 29일, 서양민들레

민들레도 여러 종류가 있다. 우리가 흔히 길에서 보는 것은 서양민들레로, 이름에서 알 수 있듯 귀화식물이다. 아이들이 '훅' 하고 불면서 노는 씨앗 날리기 놀이를 대부분 이 꽃으로 한다.

환경을 생각하는 사람들은 대체로 외래종 식물을 보면 불편해 한다. 외래종이 왜 싫으냐고 물으면 그냥 '외래종이니까'라고 답한다. 그런데 페튜니아, 튤립 등 사람들이 좋아하는 원예식물은 거의가 외래종이다. '그래도 그런 건 단일재배로 관리를 하니까 생태계를 교란시키기 않기 때문에 큰 문제는 아니'라고 말한다.

생태계를 교란한다는 건 어떤 의미일까? 우리 산천에는 원래부터 살고 있던 토종만 살고 외래종은 들어와 살면 안 되는 걸까? 사람도 이제 다 국적 초월로 어울려 사는데 생물다양성의 차원에서 어느 정도는 인정해야 하지 않을까? '다양성은 인정하지만 외래종이 득세해 토종을 더 못 살게 할까봐 두렵다'고 한다. 글쎄, 내 생각엔 외래종이 득세해도 큰 문제가 아니거니와 사실 그렇게 되지도 않는다.

서양민들레는 일 년 내내 번식하고 꽃과 열매의 수도 많고 심지어 스스로 번식하는 제꽃가루받이*도 한다. 번식력이 엄청 강한 셈이다. 반면에 딴꽃가루받이를 하는 토종

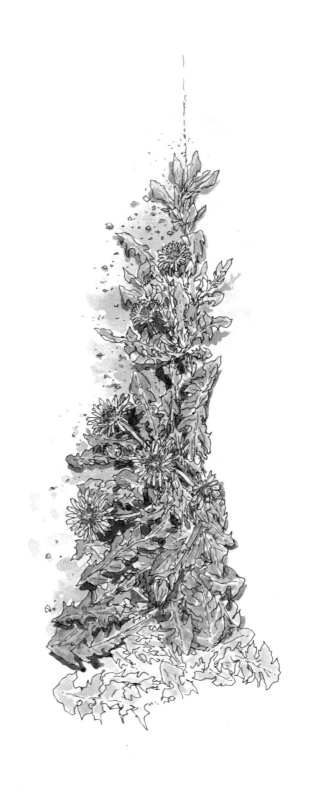

민들레는 불리하기 짝이 없어 보인다. '그러니 서양민들레를 미워할 수밖에 없지 않느냐'고 생각하는 경우가 많은데 과연 그럴까?

사실은 좀 다르다. 토종 민들레는 왜 제꽃가루받이를 하지 않을까? 식물이 주로 딴꽃가루받이를 하는 것은 유전자를 다양화하기 위해서다. 다양한 유전자를 갖게 되면 뭐가 좋을까? 병충해에 강해진다. 단일 유전자로 이루어진 식물은 병충해가 발생했을 때 단 하나의 병원에 의해 모든 개체가 죽을 수도 있다. 또한 토종 민들레는 서양민들레보다 씨앗의 개수는 적어도 발아율이 더 높다. 그러니 불리하다고만 볼 게 아니다.

이 세상은 어떤 하나의 생명체가 다른 생명체에 비해 절대적으로 유리하거나 불리한 경우가 없다. 만약 그런 현상을 목격했다면, 아마도 단일 장소나 시간을 한정적으로 봐서 그럴 것이다. 넓은 시각으로 오래 관찰하면 그렇지 않다. '인생은 가까이에서 보면 비극, 멀리서 보면 희극'이라는 찰리 채플린의 말이 이럴 때 딱 맞다. 생태계는 한 발짝 멀리 떨어져서 길게 보는 관점이 필요하다.

○ 전주

---

*   한 꽃 안에서 꽃가루가 암술머리에 붙는 현상.
보통은 한 나무의 다른 꽃이나 다른 나무의 꽃에서
(곤충이나 새 등이) 가져온 꽃가루를 받아 열매나 씨를 맺는다.

3월 29일, 벚꽃

왕벚나무에 드디어 꽃이 폈다. 서울 남산에서는 4월이
한참 지나서 벚꽃을 봤는데 전주라 그런지 조금 일찍 폈다.
벚꽃은 유달리 사람들이 '꽃구경 가자' 하는 대상이 된다.
다른 꽃들이 필 때는, 예를 들어 '무궁화 꽃구경 가자'거나
'배롱나무 꽃 보러 가자'고 하지 않던데 벚꽃에는 유독 여행,
구경, 나들이란 표현을 써가며 꽃이 피기를 기다린다.
왜 그럴까?

아마도 꽃 핀 풍경이 어떤 나무보다 화려해서 그럴 것이다. 벚나무는 주로 한 그루가 아니라 여러 그루가 가로수로 늘어서서 자란다. 가로수로 심는 다른 나무도 있지만 꽃이 벚꽃처럼 화려하지 않다. 벚꽃은 무엇보다 꽃 색깔이 밝다. 흰색에 가까운 연분홍이다. 또 아주 중요한 이유가 있는데, 꽃송이 수도 많은 데다 그 많은 꽃이 거의 동시에 피어난다. 나무 한 그루에서 많은 꽃이 동시에 피어나니 화려하지 않을 수 없다.

벚꽃은 왜 이렇게 짧은 시기에 한꺼번에 피어나 화려함을 과시하는 걸까? 그 모습에 우리만 설레는 게 아니라 곤충도 설레기 때문이다. 벚꽃이 필 무렵이면 주변에 사는 곤충들이 온통 벚나무에 정신이 팔린다. 그래서 짧은 기간에 꽃가루받이 확률을 엄청 높일 수 있다.

곤충이 조금씩 오래 찾아와서 꽃가루받이를 해주는 것과 이처럼 한꺼번에 많이 몰려와서 꽃가루받이를 하는 것은 결과적으로는 확률이 비슷하다. 식물 입장에서는 어떤 작전을 써도 꽃가루받이만 잘 되면 된다. 꽃이 어떤 색깔과 모양을 띠고 어떤 주기로 피어나든지 그 목적은 오로지 꽃가루받이에 있고, 그 확률을 높이는 게 좋은 삶이다. 인간의 삶도 다르지 않다. 어떤 모습으로 어떻게 살든, 행복이 그 목적일 수밖에 없다.

○ 전주

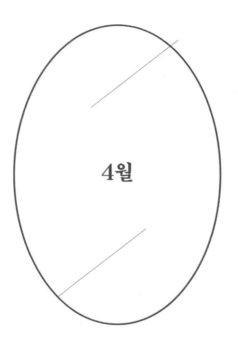

4월

4월 3일, 앵두꽃

3년 전 서울 집에 있던 빈 화분을 전주 집으로
옮기자 거기서 싹이 돋아난 일이 있다. 시골에서
가져온 앵두를 먹고 씨앗을 화분에 뱉어 놓았던
기억이 나서 앵두 싹인가 보다 하며 마당에
옮겨 심었더니, 그 해 8월 키가 1미터 가량
높이로 자랐다. 그리고는 2년 뒤 꽃이 피었다.
정말 예쁜 앵두꽃이었다.

나무를 심으면 무조건 꽃이 피고 열매가 열리는
게 아니다. 사람에게 유년기, 청소년기가 있듯
나무도 유형기幼形期가 있다. 나무가 자라고 잎도
만들지만 꽃을 피우지 않는 기간을 말한다.
아직은 생장이 중요하고 생식에 신경을 쓸
때가 아닌 것이다. 식물도 번식보다는 살아남는
게 먼저라 한 자리에 뿌리를 내리면 어느 정도 안정기를
거치는데 그 기간 동안은 꽃이 피지 않는다. 가끔 꽃이 핀
채로 산 화분을 마당에 옮겨 심으면 이듬해엔 꽃이 안 피기도
한다. 옮겨 간 곳에 적응을 해야 하기 때문이다.

나무마다 유형기도 다르다. 은행나무를 과거에 공손수公孫樹라
불렀다. 유형기가 15~20년이나 되기 때문에 나무를 심은
후 열매를 얻어 수입을 제대로 올리자면 30년은 기다려야
하고 결국 손자 대에서나 덕을 볼 수 있다는 이야기에서

비롯된 말이다. 그에 비해 소나무는 유형기가
5년이고 전나무는 20~25년이다.

그런데 앵두나무는 2년 만에 꽃을
피웠으니 이 얼마나 짧은가. 씨앗을 심고
나서 얼마 뒤에 열매를 먹을 수 있으니
과실나무로 제격이다. 기쁜 마음에 막
앵두꽃을 그리자마자 아는 분이 오늘
그린 그림이라며 사진 한 장을 찍어
보내 왔는데 역시 앵두꽃이었다.
통했다.

이 시기는 앵두꽃이 눈에 잘 띌 때다.
어느 식물이나 제 모습을 뽐낼 기회가
일 년에 한 번 이상은 있는데 앵두는
그게 오늘인가 보다.

○ 전주 집

3년 전 3월

3년 전 8월

89

4월 6일, 라일락

라일락을 우리말로 '수수꽃다리'라고 한다. 정확하게는
토종 라일락이 수수꽃다리이고 외래종은 라일락 혹은
서양수수꽃다리라고 하는데, 둘의 차이가 크지 않아서 굳이
구분하지 않기도 한다.

이맘때 길을 걷다 보면 라일락을 왜 수수꽃다리라고 했는지
알 수 있다. 피어나기 직전의 꽃봉오리들이 몽글몽글 뭉쳐진
모습이 꼭 수수를 닮았다. 금세 봉오리가 터지면서 꽃이
피는데 그 향기가 치명적이다. 대부분의 꽃은 향기가 있다
해도 코를 가까이 대야만 맡을 수 있을 정도인데, 라일락은

3월 19일.
겨울눈이 부풀 때.

멀리서도 향이 진하게 날아온다.

성인이 된 후 전철 안에서 특이한 향수 냄새를 맡은 적이
있다. 그게 향수에 대한 첫 기억이었는데 나중에 알아보니
라일락 향이었다. 그렇게나 강렬하다. 봄바람이 살랑 부는 이
시기엔 도심 어디에서나 강렬한 라일락 향기를 맡을 수 있다.
언젠가 아는 분께 생신이 언제냐고 물으니 "네, 라일락이 필
때요."라고 대답하셨다. 자기 생일을 꽃향기로 기억하는 것도
낭만적인 일인 듯하다.

그런데, 잎은 쓰다. 얼마나 쓴지 궁금한 사람은
손톱만큼이라도 뜯어서 씹어 먹어 보시길. 아마도 지옥의
맛을 느낄 것이다.

○ 서울

수술　암술

꽃을 벌리면 안에
암술과 수술이 있다.

4월 6일, 비비추 싹

남산에 산책 가는 길에 화단 돌 틈에서 솟아나 자라는 비비추 싹을 보았다. 늘 보던 것이지만 새삼 놀랍다. 시계도 달력도 없는데 어떻게 봄이 온 것을 딱 알고 밖으로 나올 생각을 했을까? 나비의 알도 정해진 시간에 깨어나 애벌레가 된다고 한다. 마치 어미 나비가 알 속에 알람이라도 맞춰 놓은 듯이.

땅속에는 수많은 식물의 씨앗이 잠들어 있다. 잠자고 있다가도 나올 때가 되면 기가 막히게 알고 나온다. 더욱 신기한 것은 모든 씨앗이 같은 때 동시에 나오지 않고, 올해

안에 다 나오는 것도 아니라는 사실이다. 어떤 씨앗은 잠을 더 길게 자며 나중을 기약한다.

이 비비추 싹들은 고만고만한 키로 함께 돋아나서 밝은 연둣빛으로 시선을 강탈한다. 땅속에서 나와야 할 때와 안 나와야 할 때를 어떻게 판단할까? 살다 보면 주변에서 친구들이 하는 대로 따라해서 좋을 때가 있고, 그들과 달리 행동해야 좋을 때도 있다. 이 싹들은 일단 친구와 함께하기로 한 것 같다. 아직은 주변과 함께 움직이는 게 안전한 세상이다. 그것이 교감이고 공명이다.

○ 남산

4월 9일, 담쟁이덩굴

몇 년 전 전주에 새집을 장만하고 어떤 나무를 심을까
고민하고 있을 때, 내가 골라서 심기도 전에 알아서 돋아난
녀석이 있었다. 담쟁이덩굴이다. 안 그래도 내 집을 지으면
담 아래 담쟁이를 심고 싶었는데 어떻게 알아챘는지

저절로 자라 주었다. 아마도 그곳에 우연히 담쟁이 씨앗이 떨어졌다가 발아했을 것이다.

우리집에서 직선거리로 50미터쯤 옆 건물에 벽면 가득히 담쟁이가 자라고 있다. 분명 그 나무의 후손일 것이다. 새 한 마리가 거기서 열매를 따 먹고 날아가다가 우리집 담장 밑에 똥을 쌌겠지. 새 덕분에 담쟁이는 일 년에 최소 50미터를 이동한 셈이다. 새들이 더 멀리 날아가서 똥을 싸는 경우도 있겠지? 담쟁이는 이렇게 새의 이동을 이용해서 번식한다. 책에서도 봤고 오래 전부터 알고 있던 내용이지만 직접 눈으로 확인하니 신기하다. 뭔가 대단한 사건이 벌어진 현장을 목격한 기분이다.

담쟁이덩굴은 개구리 발처럼 생긴 뿌리가 나와서 조금씩, 조금씩 담을 타며 뻗어간다. 새봄에 또 한 해를 시작하기 위해 담쟁이가 싹을 냈다. 빨간 새싹이 어긋나기로 나온다. 마치 한 발 한 발 징검다리를 밟으면서도 가고자 하는 곳에 꼭 가 닿겠다는 의지로 읽힌다.

몇 해 전부턴 열매도 열리기 시작했다. 우리집 담쟁이 열매를 먹은 새가 또 어딘가로 날아가서 씨앗을 퍼뜨릴 것이다. 올해는 얼마나 멀리 덩굴을 뻗고, 얼마나 멀리 씨앗을 보내려나? 관찰하는 내게도 새로운 한 해가 시작되고 있다.

○ 전주 집

4월 9일, 도토리 싹

씨앗이 싹을 틔워야 풀과 나무가 자란다. 식물의 시작은
언제나 씨앗에서부터다. 식물 입장에서 씨앗은 많을수록
좋지만 결국은 자리를 잡고 발아를 해내는 것이 중요하다.
씨앗이 발아하는 데는 온도, 공기, 양분 등 다양한 조건이
필요한데 가장 절대적이고 직접적인 것은 물이다. 일단은
물이 제공되어야 싹을 내기 시작한다.

그렇다고 아무 때나 싹을 내는 건 아니다. 일정 기간 발아하지
않다가 조건이 맞을 때를 기다려 싹을 틔운다. 놀랍게도 천
년 전 유적지에서 발견된 씨앗이 싹을 틔웠다는 기사를 보곤
한다. 극히 낮은 확률이지만 그런 일이 실제로 일어난다.
물론 발아하지 않은 채 오래 저장돼 있다 보면 저절로 썩거나
생명력을 잃어 버리는 경우가 더 많을 것이다.

그런데, 씨앗이 발아할 때 가장 먼저 나오는 기관은
어디일까? 꽃일까, 잎일까, 뿌리일까? 얼마 전 지식인으로
대표되는 이가 방송 프로그램에 출연해서 같은 질문을
했다. "여러분, 씨앗에서 싹이 틀 때 어느 부분이 제일 먼저
나올까요?" 출연진들이 잘 모르겠다고 하자 "바로 잎입니다.
될성부른 나무 떡잎부터 알아본다는 말이 있잖아요. 잎이
먼저 나와서 광합성을 통해 양분을 만들어서 이후에 꽃도
만들고 뿌리도 만들어요." 하는 것이다.

틀린 말이다. 종종 이렇게 방송이나 매체에서 자연·생태 정보를 잘못 전달하는 경우가 있다. 인간이 자연 현상을 모두 알고 이해할 순 없지만 그렇다고 틀린 정보를 너무 자신 있게 말할 것까진 없다. 씨앗에서 가장 먼저 나오는 기관은 뿌리다. 뿌리가 나와서 물과 흙 속의 양분을 흡수해야 지상으로 줄기를 내며 식물이 자란다.

도토리에서 싹 나는 장면을 본 적 없는 사람이 많을 것이다. 관심만 가지면 의외로 쉽게 관찰할 수 있다. 일단 참나무가 많은 곳에 가서 주변 땅을 자세히 살피면 불그스름한 빛을 띠며 자라고 있는 도토리 싹을 발견할 수 있다.
그대로 두면 어떤 참나무가 될지, 나중에 집이 될지 의자가 될지 도마가 될지, 아니면 잘리지 않은 채 어른 나무로 자라 수많은 도토리를 만들어 많은 동물을 기르는 역할을 하게 될지 미래는 알 수 없다. 하지만 나중에 어떤 삶을 살게 되건, 모든 식물의 삶은 씨앗부터이며 일단은 발아에 성공해야 한다. 또한 그 성장의 근본은 뿌리에 있고, 식물의 뿌리는 세상을 이루는 많은 물질 가운데 가장 흔하고 기초적인 물이 있어야만 돋아나고 살아간다.

세상에 아무리 대단한 일이라도 그 시작은 미약하고 소소하며, 그런 기초가 없었다면 아예 존재하지도 않았을 것들이다. 식물의 새싹은 우리에게 초심을 기억하라고 말해 준다. 늘 이렇게 배우고 깨닫는다.

○ 경기도 이천

4월 9일, 진달래

어른들이 옛날 생각을 할 때 산에서 진달래꽃 따먹던 얘기를
많이 한다. 그러면서 요즘은 옛날처럼 진달래 보기가 쉽지
않다고 하신다. 숲이 건강해지면 다양한 식물이 들어가
살게 되고 밀도가 빡빡해져서 진달래가 잘 보이지 않을
수 있다. 특히 산성 토양에서 잘 자라는 진달래는 최근에
잘 관리돼 약산성이나 중성으로 건강해진 산림에서는
예전보다 개체수가 줄어들었을 것이다. 그래도 숲에 가면
여전히 진달래를 볼 수 있고, 동네 공원이나 아파트단지에도
조경수로 많이 심어 놓았다.

진달래는 꽃잎에 신기한 점무늬가 있다. 영어로는
허니가이드honey guide 혹은 넥타가이드nectar guide라고 부르는데,
이 점들을 쫓아가면 꿀이 나온다는 표식이다.
곤충을 꿀샘이 있는 곳으로 안내한다는 의미일 텐데
우리말로는 정확히 뭐라고 번역해야 할지 모르겠다.
꿀샘안내무늬? 이건 너무 길고 어색하니까 아무래도 한자로
표기하는 게 낫겠다. 참고로 일본에서는 밀표蜜標라고 한다.
식물 용어는 아직도 일본어를 차용하는 경우가 많다. 이를
우리 말로 바꿔 '꿀점' 또는 '꿀길'이라고 하거나, 한자로
쓴다면 밀점蜜點 혹은 밀문蜜紋이라고 하면 어떨까?

사람 눈에도 보이는 이 넥타가이드는 철쭉과 산철쭉 꽃에도
비슷하게 나 있다. 곤충의 눈으로는 훨씬 다양한 꽃들에서 이

무늬가 발견된다고 한다. 넥타가이드는 꿀이 없는 줄 알고
그냥 지나쳐 가려는 나비와 벌에게 "가지마. 여기 꿀 있다."
하며 붙잡는 역할을 한다. 곤충이 꿀을 먹으려면 아무래도
암술이나 수술 위에 앉게 되는데, 그때 수술이 펜싱 동작을
하듯 곤충의 몸통을 쿡 찌르며 꽃가루를 묻힌다. 호객행위에
이끌려 왔더라도 술집에 들어왔다면 술 한 잔 하고 술값은
치르고 나가야 한다. 세상에 공짜는 없다.

○ 북한산

꿀샘 유도선을
따라가다 보면
수술이 기다리고 있다.

4월 13일, 봄 단풍

벚꽃이 필 무렵 숲엔 봄 단풍이 온다. 가을 단풍보다
아름답기까지 하다. 멀찍이서도 어떤 나무인지 다 알아볼 수
있을 만큼 뚜렷하게 다른 빛깔을 뽐낸다. 침엽수와 활엽수가
다르고, 같은 참나무라도 상수리나무 잎과 신갈나무 잎
색깔이 다르다. 산벚나무 꽃까지 화사하게 피어 한참을
멍하니 서서 바라보게 된다.

흔히 나이든 모습이 청년 못지않게 멋지다는 표현으로
'봄꽃보다 가을 단풍이 아름답다'는 말을 한다. 나는 사실
단풍도 가을보다 봄이 아름답다고 말해 주고 싶다. 한 해를
마무리하는 나무들의 잎 색깔이 다르듯, 한 해를 시작하는
이파리들의 색깔도 모두 다르다.

해마다 가을이면 "올해 단풍의 마지막 절정"이라는 뉴스와
함께 온 산이 단풍놀이 나온 사람들로 북적거리는 영상이
송출된다. 가을 말고 봄 단풍도 이리 아름다운데 꼭 늦가을에
사람 많은 설악산을 가야 하나? 그러고 보니 우리나라는
여름의 숲도, 겨울의 숲도 모두 좋다.

봄 단풍을 볼 줄 아는 사람이라면 당연히 다른 계절의 숲도
보고 즐길 줄 알 것이다. 많은 이들이 중독되듯 빠져드는
특출한 멋도 좋지만 남들은 모르는 나만의 감상 포인트를
찾아 자연을 즐기는 것도 괜찮은 방식이다. 관심을 갖고

지켜보면 매일매일의 자연이 아름답고 멋지다. 일단 돌아오는
해에도 봄 단풍은 놓치지 말고 꼭 먼저 보시길.

○ 전주 완산칠봉

4월 22일, 등꽃

등나무 꽃은 정말 크다. 길다. 꽃송이가 엄청나다. 주렁주렁 달린 것을 손으로 들어올려 보면 꽤 무겁다. 그냥 대단하다는 생각밖에 안 든다. 등꽃은 작은 꽃 여럿이 뭉쳐 하나의 큰 꽃처럼 보이는데, 그 아우라가 이 시기에 피는 꽃 중의 왕 모란이 부럽지 않을 정도다. 한 송이만 보면 작은 꽃이라 왕이라 불리지 않지만 내겐 등꽃이 단연 이 시기의 왕이다. 지나다 볼 때마다 설렌다. 이렇게 사람 마음을 잡아끌면 그게 바로 꽃의 왕이지.

벌이 웅웅대며 등꽃 주변을 맴돈다. 꽃향기도 참 좋다. 칡꽃과 비슷한 향이 난다. 꽃 하나의 모양은 콩과 식물 특유의 구조를 갖췄다. 벌이 앉으면 꽃송이가 열리며 수술이 튀어나와 벌의 몸에 꽃가루를 묻힌다. 이렇게 많이 달린 꽃송이 중에 수정에 성공해 열매로 여무는 것은 소수일 것이다.

등나무는 엄연히 나무다. 그런데 덩굴성이라 보통의 나무들처럼 스스로 위로 솟구쳐 자라지 못하고, 무언가를 잡고 올라가거나 옆으로 뻗으며 성장한다. 이 세상에서 제일 큰 나무의 키가 100미터를 조금 넘는다고 하는데 옆으로 자라는 것까지 치면 등나무가 최고다. 줄기를 펼치면 최장 300미터가 넘는다고 한다.

어릴 때 《잭과 콩나무》라는 제목의
동화책이 있었다. 사실 콩은 풀이니까
나무라고 하면 안 된다. 그런데
동화책 표지 그림을 보면 영락없는
등나무였다. 어쩌면 작가가 콩과
식물인 등나무의 열매 모양을 보고
'콩나무'라고 착각한 게 아니었을까?

○ 전주

여기서부터
꽃이 피기 시작한다.
4월 17일

4월 27일, 졸참나무 새 줄기

수업을 마치고 잠시 혼자 남아서 수업 장소를 다시 둘러본다.
봄이 되어 여기저기에서 새싹이 돋아나 있다. 바쁘다
하고 살다 보니 시간이 어느새 이렇게 지났음을 몰랐다.
졸참나무가 새 줄기와 잎을 많이 만들어 냈다. 손톱보다
작았던 겨울눈에서 싹이 나와 내 팔뚝만큼이나 자라서는
한낮의 햇빛을 충분히 받으며 제 할일을 하고 있다.

우리는 흔히 나무를 볼 때 꽃과 열매, 혹은 잎 모양이나
수형에 마음을 빼앗기고 그 매력에 빠진다. 하지만 이

계절에만 볼 수 있는 연둣빛 새 줄기도 칭찬받아 마땅한 모습이다. 나무는 일 년 내내 자랄 것 같지만 사실은 이 계절에 제일 많이 자라고 이후론 거의 자라지 않는다. 그래서 나무가 한 해 동안 자란 크기를 가늠하기에도 지금이 좋은 시기다. 나무줄기와 가지를 보면 작년까지 자란 부분은 갈색을 띠고 올해 새로 자란 부분은 한동안 연둣빛을 유지한다. 그걸 보고 '아, 이 나무는 올해 이만큼 자랐구나,' 혹은 '한 해에 이 정도 자라는구나.'라고 짐작하면 거의 맞다.

나무를 좋아하는 사람들은 이 계절이 정말 바쁘다. 나무가 새 줄기를 내고 가장 왕성하게 자라는 과정을 지켜보기 위해서다. 이 때를 놓치면 아이를 키우면서 가장 중요한 성장기를 놓치는 것과 비슷하다. 살다 보면 놓쳐서는 안 되는 시기가 있다. 적어도 나무가 자라는 모습을 보고자 한다면 4월을 놓치지 말아야 한다.

○ 서울 경희궁

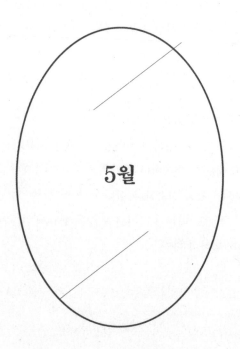

5월

드디어 피었다. 꽃의 왕!

동양화에서 〈모란도〉는 부귀영화를 의미한다. 부귀영화는
나이 제한 없이 누려야 하기 때문에 모란도에서는 특정
나이를 연상시킬 수 있는 나비를 빼고 그린다. 나비를
나타내는 한자 접蝶이 60~80세를 뜻하는 질耋 자와 비슷한
데다 발음(디에, [die])도 같기 때문이다. 그것이 동양화 작법의
원리다.

그런데 아이들이 읽는 동화책에서 신라시대 선덕여왕의
총명함을 설명하는 일화로《삼국사기》에 실린 내용을 별다른
해설 없이 인용한 것을 보고 놀랄 때가 많다. 선덕여왕이
당나라에서 보내온 〈모란도〉를 보고 "꽃은 비록 좋으나
그림에 나비가 없으니 반드시 향기가 없을 것"이라고
말했다는 대목이다. 그래서 모란은 향기가 없는 꽃이라고
알고 있는 사람이 의외로 많다. 어이가 없다. 지나다 만나는
모란에 다가가서 향기를 맡아보면 금방 알 것을, 그 행위
하나를 하지 않고 그냥 모란꽃은 향기가 없다고 믿어 버린다.

선덕여왕은 어릴 때 동양화 작법의 원리를 모르고 저 말을
했을 것이다. 나도 김유정 소설 속의 '동백꽃'이 진짜 동백이
아니라 생강나무 꽃이라는 것을 고등학교를 졸업하고도
한참이 지나서야 알았다. 그것을 지적해 바로잡아 준
선생님이 한 분도 안 계셨기 때문이다. 마찬가지로 요즘도
학생들에게 모란꽃이 사실은 향기가 있다고 말해 주는
선생님이 안 계시면 어쩌나.

굳이 누가 알려 주지 않아도 향기를 맡아 보면 알 수 있다.
자연 지식을 대하는 좋은 태도는 일단은 할 수 있는 경험을
한 후에 판단하는 것이다. 그러고도 확인이 안 되는 이야기는
되도록 말을 줄이는 게 좋다. 역사가나 인문학자들이
자연과학의 사실관계까지 확인하고 글을 쓰기엔 한계가
있다고 지적하는 이가 있을지 모르겠다. 그러나 역사적으로
어떤 인문학도 자연에 바탕을 두지 않은 게 없다. 자연과학과
인문학은 따로 볼 일이 아니다.

모란 열매.
기본은 5개인데 6개, 7개로
갈라져 맺히기도 한다.

5월 5일, 민들레 씨앗

흔히 '민들레 홀씨'라고 말하는데 틀린 표현이다. 홀씨는
식물이 무성생식을 위해 만든 세포인 '포자'를 일컫는다.
종자를 갖지 않는 고사리나 버섯류가 포자를 퍼뜨려서
번식한다. 민들레는 씨앗을 만들어 유성생식을 하는
종자식물이므로 그냥 '민들레 씨앗'이라고 말하는 게 맞다.

아마도 민들레 씨앗이 바람을 타고 혼자 여행하듯 날아가는
모습을 보고 누군가 감성적인 표현으로 그렇게 말하기
시작했을 것 같다. 민들레 씨앗은 둥글게 솜으로 뭉친 공처럼
생겼다가 바람이 불면 한 개씩 떨어져서 날아간다. 씨앗이
붙어 있던 자리에 흔적이 남는데 언뜻 딸기가 생각난다.
딸기도 표면에 저런 모양으로 열을 맞춰 씨앗이 나 있다.
왜 닮았나 생각해 보면, 딸기도 민들레도 씨방이 성장해
열매로 변한 게 아니라 꽃턱(화탁)이 열매 같은 덩어리로 변한
경우다. 그래서 씨앗이 속에 있지 않고 주변에 붙어 있게
되었나 보다.

민들레 씨앗 하나를 떼어 자세히 보면 솜털이 달린 윗부분
말고 그 아랫부분에 돌기가 나 있다. 이 돌기는 왜 있는지
모르겠다. 날아가다가 닻을 내리듯 어딘가에 탁 걸려서
뿌리를 내리라고 만들어진 걸까? 땅속으로 잘 파고들 수 있는
구조인 걸까? 더 연구해 봐야겠다.

우리는 흔히 씨앗에 솜털이 붙어 있으면 바람에 쉽게
날린다고 단순하게 생각하지만 이 솜털의 개수, 길이, 간격,
그리고 씨앗의 무게 등이 모두 잘 계산된 결과물이라고
한다. '난다'는 행위는 원론적으로 몸체에 공기저항을 늘려야
가능하다. 예를 들어 우리가 타는 낙하산처럼 막힌 구조여야
공기저항을 만들 수 있는데, 열린 구조로 공기저항을 늘려서
멀리 멀리 날아가는 민들레 씨앗은 과학적으로 꽤나 잘
계산된 디자인인 셈이다.

세상은 그렇게 쉽게 굴러가지 않는다. 실패와 성공을
거듭하며 최적의 형태를 만들어 낸 결과로, 지금 그들이 우리
앞에 있는 것이다.

○ 전주 집

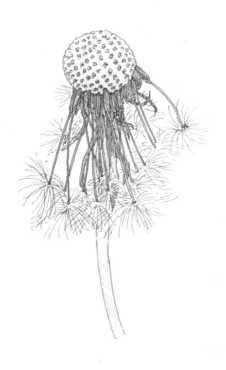

어버이날에 병실에 누워 계신 아버지를 찾아뵌다. 병실에
꽃을 들여놓을 수 없다고 해서 아버지 초상화에 카네이션을
덧그려 침대 맡에 놓아두고는 "아버지 사랑해요." 한마디를
남기고 나왔다.

길가엔 카네이션 대신 개양귀비가 화사하게 꽃을 피웠다.
나는 예전부터 민들레, 진달래, 생강나무, 개암나무 등 우리
산과 들에서 흔하게 볼 수 있는 식물을 좋아했고 그 수수하고
담백한 꽃들을 아름답게 여겼다. 그러다 가끔 도심 길가에서
원예종 꽃들을 만나면 너무도 선명하고 강렬한 색감에
거부감이 들곤 했는데 요즘은 그것도 어여뻐 보인다. 아마도
대중적으로 널리 아름답다고 여기니까 많이 심는 거겠지?

개양귀비에는 마약 성분이 없다고 한다. 과거 아편의
원료로 사용돼 대중을 중독에 빠뜨리고 전쟁까지 일으켰던
양귀비와 똑같은 식물은 아니지만 생김새는 비슷하다. 꽃을
가만히 들여다보면 정말 매혹적이다. 양귀비는 중국 당나라
최고 미인으로 이름을 떨쳤던 황후 양귀비에 비견할 만큼
아름답다고 해서 붙은 이름인데, 그 인물의 마성만큼이나
치명적인 꽃의 아름다움이 있다.

아편은 마취제가 마땅치 않던 시절에 수술 환자들에게
유용했다. 무언가에 중독된다는 것은 그 아름다움에 빠지는
것이며, 한편으론 오로지 그 하나에 집중하는 행위이기도
하다. 내 나이 이제 오십, 어느 때보다 균형 잡힌 집중력이
필요한 시기이지만 가끔 소신을 버리고 그냥 이끌리는

대로 살아보고 싶은 충동도 든다. '원예종이면 어때, 예쁘면 그만이지. 내가 예쁘다는데 누가 뭐래?' 그런 속편한 생각도 가끔은 괜찮을 것 같다.

○ 전주

딜 핀 꽃은
에일리언을 연상시킨다.

벌어지며 안에 있는
붉은 꽃이 보인다.

열매. 연꽃 열매와 비슷하다.

5월 10일, 토끼풀

토끼풀도 외래종이다. 하지만 싫어하는 사람을 본 적이 없다.
중년층 이상이라면 어린 시절 이 꽃을 따서 시계나 반지를
만들어 놀았던 기억이 대부분 있을 것이다. '세 잎'짜리
토끼풀의 꽃말은 행복이고 '네 잎'짜리 토끼풀의 꽃말은
행운이다. 이 말을 생각하면 행운보다는 행복을 좇아야
한다는 격언이 함께 떠오른다. 세 개의 잎은 믿음, 소망,
사랑을 뜻하고 네 번째 잎은 행복을 뜻한다는 얘기도 있었다.
뭐, 믿거나 말거나 할 꽃말 이야기에 너무 현혹될 건 아니다.

토끼풀은 한 번 자리 잡으면 저절로 넓게 퍼져 자라는
식물이지만 과수원에서는 일부러도 많이 심는다.
향이 아주 좋은 토끼풀 꽃에 벌들이 이끌려 왔다가 사과나
배에 꽃가루받이를 해주기 때문이다. 바닥에 토끼풀이
퍼져 자라면 다른 풀은 자라기 어렵다는 이유도 있다.
말하자면 잡초 뽑기를 안 해도 된다. 또한 토끼풀은 콩과
식물이다. 콩과 식물의 특징 중 하나는 뿌리에 공생하는
뿌리혹박테리아가 '질소 고정'을 해준다는 것이다. 질소는
식물의 성장에 꼭 필요한 요소인데 대부분 공기 중에 있고
뿌리로는 먹을 수 없다. 그런데 뿌리혹박테리아 같은 몇몇
미생물이 땅속에 질소를 저장했다가 숙주식물이 뿌리로
그것을 흡수하도록 돕는다. 그 과정에서 주변의 흙도
비옥해지기 때문에 이런 식물을 '비료식물'이라 부른다.

여러모로 고마운 풀이 아닐 수 없다.

신기하게도 토끼풀 꽃은 꽃가루받이가 되면 고개가 축
처지면서 시든다. '나는 이미 수정을 마쳤다'는 사실을
곤충들에게 알려 다른 꽃송이로 보내려는 의도 같다.
그렇다면 결국 전체적으로 꽃가루받이 확률을 높이는 효과가
있을 것이다.

○ 서울 집 앞에서

수분이 되면
꽃잎이 아래로 처진다.

5월 18일, 아까시나무 꽃

우리나라에서 오랫동안 '아카시아'로 알려졌던 식물인데
아까시라고 불러야 맞다. 아카시아라는 이름의 다른 열대
식물이 있기 때문이다. 그 아카시아와 닮은 모습 때문에
지어진 학문적 이름 'pseudo-acacia'(라틴어 학명 속의 종명)가
애초에 '가짜 아카시아'라는 뜻이라고 한다.

일제 때 일본인들이 우리 강산을 망치려고 이 나무를
심었다거나 경제적 가치는 전혀 없다는 등의 오해를 사고
있지만 다 낭설이다. 아까시나무는 조선 말기에 일본에서
수입해 심기 시작했지만 해방 후 박정희 정부 때 헐벗은

산림을 복구하느라 전 국토에 대대적으로 심었다. 콩과 식물인 아까시나무는 토끼풀처럼 뿌리혹박테리아와 공생하며 토양을 건강하게 만드는 고마운 나무이기도하고, 양봉업자들에겐 벌꿀을 가장 많이 따게 해주는 효자 나무로 유명하다.

5월이면 거리 여기저기에 아까시 꽃향기가 퍼진다. 그 향기에 우리도 흔들리는데 벌들은 오죽할까? 이 시기엔 유독 흰 꽃이 많다. 주변을 보면 온통 흰색이다. 이팝나무, 때죽나무, 팥배나무, 노린재나무, 쥐똥나무, 일본목련 등 많은 나무가 하얀 꽃을 피운다.

실제로 꽃 색깔 중에 흰색이 제일 많다고 한다. 특히 '녹음이 짙어진다'고 표현하는 바로 이 계절, 초록이 무성해지며 숲이 어두워지는 이맘때에 숲속에서 눈에 잘 띄려면 흰색이 유리하다. 또한 흰색 꽃은 목적을 이루되 에너지는 최대한 절약하려는 식물의 전략이라고 한다. 다른 색 꽃들보다 색상을 만드는 데 에너지를 덜 쓰면서도 곤충을 불러 모으는 효과가 크다는 것이다.

자연은 알고 보면 효율을 무척 따진다. 언뜻 보기엔 효율이 떨어져 보이는 디자인도 알고 보면 효율이 좋은 경우가 많다. 생존 경쟁이 치열한 환경에서는 효율성이 디자인에 중요한 요소가 된다.

○ 전주

5월 30일, 앵두

앵도櫻桃라는 한자 이름에서 앵두로 변했다. 여기서 앵櫻은 '앵두나무 앵'인데 일본에서는 '벚나무 앵'이라 부르기도 한다.

원래는 '꾀꼬리 앵鶯' 자를 썼다고 한다. 앵두가 익을 무렵 철새인 꾀꼬리가 날아오기 때문이라는데, 꾀꼬리는 실제로 봄과 여름에는 곤충을 주로 먹고 가을에 열매를 먹는다고 알려져 있어 그 이야기도 믿기 어렵다. 오히려 '앵무새

앵鶯'이었다면 어떨까? 꾀꼬리는 주로 곤충을 먹고 앵무새는 곡식이나 열매를 먹으니 앵두나무 열매를 따 먹을 확률은 앵무새 쪽이 더 높을 것 같다. 물론, 꾀꼬리도 벌레를 먹다가 앵두가 익은 것을 보고 맛을 볼 수는 있었겠지.

앵두나 벚꽃이나 앵무새나 한자 앵 속에 '갓난아기 영嬰'이 들어 있는 것도 눈에 띈다. 그렇다면 그냥 열매가 작고 귀여워서 생긴 이름은 아닐까? 아무튼, 이름 얘기는 이 정도만 하자. 믿거나 말거나 한 이름의 유래로 상상의 나래를 펼치면 끝이 없다.

앵두는 유실수 중에 제일 먼저 익는 열매다. 4월에 핀 꽃에서 6월이면 열매가 열리니, 꽃에서 열매가 되기까지의 시간이 아주 짧다. 임신 기간이 두 달인 셈이다. 예전엔 앵두를 제사상에도 올렸다고 한다.

창경궁 입구에서 조금만 올라가면 앵두나무가 줄지어 있는데, 문종이 세자였던 시절에 아버지인 세종에게 이 열매를 잘 따다 바쳤다는 일화가 전한다. 생각해 보면 옛날 왕들도 앵두뿐 아니라 산딸기도 먹고 홍시감도 먹고 그랬겠지. 늘 술과 고기만 먹지는 않았을 것이다. 이 얘기를 듣고 난 뒤 앵두 열매를 하나 따서 입에 넣으면, 아들이 따다 바친 앵두를 맛나게 드셨을 세종대왕을 만나게 된다. 앵두 맛으로 역사 속 인물과 교감하는 것이다. 자연을 만나는 것은 인류 보편의 감성에 들어간다는 말이 딱 맞다.

자연 속을 거닐다 먹자할 만한 열매가 있다면 꼭 따서 먹고
아이들에게도 먹여 보면 좋겠다. 아이의 몸속에 맛의 기억이
쌓여 소설을 읽을 때도, 영화를 볼 때도, 혹은 나중에 스스로
작가가 되거나 교사가 되어서도 다른 이들에게 들려줄
이야기가 풍성해질 것이다.

○ 전주 집

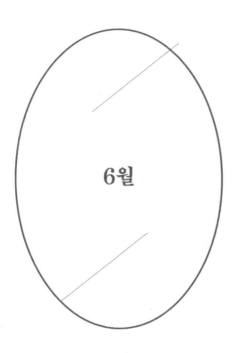

6월

6월 2일, 낙과

비가 한바탕 쏟아지고 나서 밖에 나가니 감이 많이 떨어져 있다. 나무가 애써 만든 열매인데 비바람에 우수수 떨어졌다. 모두 떨어졌는가 하면 그렇지는 않다. 아직도 매달려 있는 열매가 있다. 버릴 것은 버리고 남길 것은 남긴다. '선택과 집중'이 이럴 때 쓸 말이다.

행복이란 단어가 유행처럼 번지고 소확행(작지만 확실한 행복), 자존감을 다룬 책들이 연일 베스트셀러가 되는 세상이지만 아무리 그런 책을 사서 본다고 행복해지거나 자존감이 높아지지 않는다. 그동안 동료들과의 관계를 잘못 가졌나 싶다가도 되돌아보면 귀찮게 그런 관계까지 챙길 이유가 있나 싶기도 하다. 자기 마음 하나 놓고도 이러지도 저러지도 못하는 경우가 많다. 근원은 욕심이고 욕망이다. 다 잘하고 싶고 다 가져가고 싶은 게 문제다. 그런 마음에서 선택장애나 결정장애라는 말이 생겼다.

살다 보면 모두 가질 필요가 없다. 사실 나이 들면서 따로 하고 싶은 일도 많은데 굳이 여러 사람 만나고 챙겨야 하나? 지금 읽고 있는 책이 너무 재밌는데 굳이 친구를 만나 차 한 잔을 마셔야 하나? 내가 집중하고 싶은 것이 있다면 거기에 집중하면 된다. 필요한 건 취하고 필요치 않은 건 과감히 버린다. 어려운 시대일수록 흔들리지 말고, 크게 중요하지 않은 것은 버리고, 무언가 골랐다면 거기에 집중해 보자.

나무는 모든 꽃과 열매를 다 가져가려 하지 않는다. 불어오는 비바람을 이용해 '그래, 이 참에 필요 없는 것은 버리자.' 하고 덜 튼튼한 열매들을 떨쳐낸다. 자연은 이미 이렇게 미니멀리즘을 실천하고 있었다.

○ 전주

6월 4일, 붓꽃

늘 그리고 싶었지만 주변에서 습지를 찾기가 쉽지 않고,
발견된 곳에선 준비물이 없기 일쑤였다. 그러던 차에
지인이 자기 농장에 붓꽃이 피었다며 보러 오라고 해서
불원천리하고 달려왔다.

붓꽃은 꽃봉오리가 맺힌 모양이 붓과 같아서 그 이름이
붙었음을 쉽게 짐작할 수 있다. 활짝 피었을 때의 보라색
꽃잎은 화려하기까지 하다. 간혹 난초로 오해하는 사람이
있는데 꽃이 비슷해 보여도 붓꽃과에 속하는 붓꽃은 엄연히
난초과 식물과 구별된다. 우리가 봄에 선물로 자주 주고받는
프리지아 꽃도 붓꽃과다.

일본에서 건너온 화투놀이에 사용하는 패에는 1월부터
12월까지 계절을 대표하는 식물이 그려져 있다. 여기서
5월을 상징하는 식물이 붓꽃이다. 생김새가 딱 꽃창포와
비슷하다. 어른들이 이 패를 쥐고 '난초를 들었다'라고
말하는데 '붓꽃'이라 해야 옳을 듯하다.

일본에서는 붓꽃을 창포菖蒲라고 쓴다. 우리가 '단옷날
창포물에 머리를 감는다'고 말할 때의 그 창포는 아닌데
한자가 같다. 그래서 사람들이 종종 헷갈려 한다. 창포를
일본어로 발음하면 '쇼부'다. 붓꽃이 피기 전에 붓처럼 생겼다
하지만 달리 보면 창처럼도 보이고 그 잎은 칼처럼 생겼다.

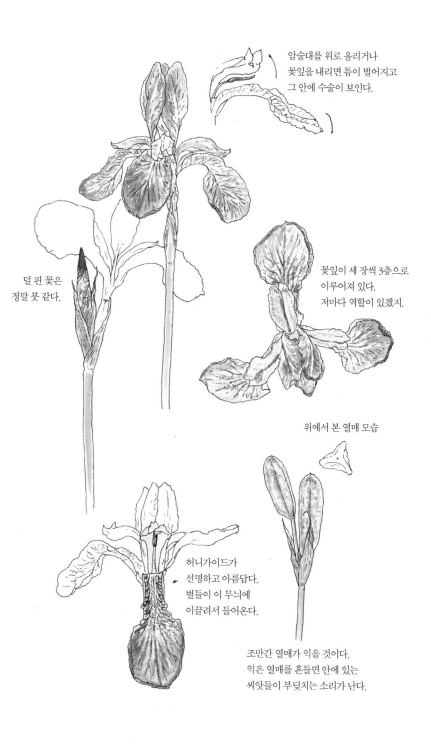

암술대를 위로 올리거나
꽃잎을 내리면 틈이 벌어지고
그 안에 수술이 보인다.

꽃잎이 세 장씩 3층으로
이루어져 있다.
저마다 역할이 있겠지.

덜 핀 꽃은
정말 붓 같다.

위에서 본 열매 모습

허니가이드가
선명하고 아름답다.
벌들이 이 무늬에
이끌려서 들어온다.

조만간 열매가 익을 것이다.
익은 열매를 흔들면 안에 있는
씨앗들이 부딪치는 소리가 난다.

우리가 흔히 아는 일본어 '쇼부'는 승부勝負를 의미하며
장수들이 싸워서 이기고 지는 것을 가리키는 일이다. 일본에서
남자아이의 날이 5월에 있고 그것을 축하하기 위해 갑옷이나
붓꽃 그림을 선물하는 문화가 있는 것까지 고려하면, 역시
5월을 상징하는 화투 패는 난초가 아닌 붓꽃으로 보는 게
맞다.

붓꽃이 피긴 전의 뾰족한 생김새를 문文을 상징하는 붓으로도
보고 무武를 상징하는 창으로도 보는 게 흥미롭다. 결국
사람 마음에 따라 사물이 달리 보이는 법인데, 내게 붓꽃은
'머리 좋은 전략가' 같다. 꽃잎 사이에 암술과 수술을 감춰
꽃가루가 사소하게 날리는 것을 막고, 지나쳐 가려는 벌들을
화려한 점무늬(허니 가이드)로 유혹한다. 그리고 벌이 꽃 위에
앉으면 꽃잎 사이로 틈을 벌려 수술을 드러내고, 결국 벌이
그 안으로 들어갔다 나오면서 암술까지 건드려 꽃가루받이가
되게 만든다. 아주 복잡하지만 영리하게 잘 짜인 꽃의 구조를
갖추고 있다.

붓꽃은 머리 좋은 전략가! 이렇게 만나는 식물마다 캐릭터를
부여해 주는 것도 식물과 친해질 좋은 방법이다.

○ 일산에서

6월 7일, 개망초

망한 집에 생긴다는 망초를 닮아 개망초라 부른다. 원산지가
아메리카 대륙인 외래종이지만 우리나라 전역에서 쉽게 볼
수 있을 만큼 완전히 정착했다. 이런 식물을 '귀화식물'이라
부른다. 사람들도 귀화를 한다. 태어날 때 국적이 우리나라가
아니고 외모는 달라도 어엿한 한국인이다.

얼마 전 티비 프로그램에서 유명한 소설가가 길가에 핀
개망초 꽃을 못 알아보고 스마트폰 애플리케이션으로
검색하는 장면이 나왔다. 이제는 초등학생도 쉽게 알아볼

만큼 흔한 식물인데 평소 식물을 좋아한다던 그가 못 알아챈 것은 망신스러운 일이었다. 커피와 장미의 역사는 줄줄이 꿰고 있으면서 우리 땅 어느 길에서나 흔하게 자라는 풀 이름 하나 모른다는 것은 예술가로서 좀 반성해야 할 자세다. 우리가 세상의 모든 식물 이름을 알 필요는 없고 그럴 수도 없지만, 특히나 인간의 언어와 삶을 관찰하고 기록하는 작가라는 직업을 가진 사람이라면 이 땅에서 가장 평범한 모습으로 함께 사는 식물의 이름 정도는 알아두는 게 좋지 않을까.

개망초와 비슷한 식물로 봄망초도 있는데 외모가 거의 비슷하게 생겼으니 일반인은 애써 구분하지 않아도 된다. 아이들은 이 꽃들을 그냥 '계란꽃'이라 부른다. 꽃 핀 모양이 작은 달걀프라이처럼 생겼기 때문인데, 식물 이름이 어렵다면 그냥 그렇게라도 기억하고 불러 주면 좋겠다.

○ 서울

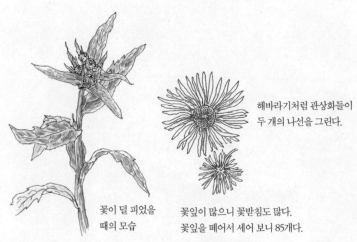

해바라기처럼 관상화들이
두 개의 나선을 그린다.

꽃이 덜 피었을
때의 모습

꽃잎이 많으니 꽃받침도 많다.
꽃잎을 떼어서 세어 보니 85개다.

6월 8일, 소나무 열매

한국인이 제일 좋아하는 나무가 소나무라고 한다. 오래전부터
불로장생, 으뜸, 절개, 기상 등 긍정적 이미지를 두루 상징해
왔기 때문일 것이다. 소나무는 일상용품과 건축의 재료로
쓰이는 등 우리 실생활에도 관계가 깊었다. 선조들이 아이를
낳거나 소가 새끼를 낳거나 간장을 담글 때 부정을 막기 위해
치던 금줄에도 소나무 가지를 꼭 끼워 넣었다.

사람들이 소나무를 신성시한 데는 상록수라는 점이 한몫
했을 것이다. 겨울이 오면 나무 대부분이 잎을 떨어뜨리는데
소나무는 한겨울 눈 속에서도 푸르게 잎을 매달고 있으니 그
에너지가 놀라워 보였을 것이다. 그 배경에 보이지 않는 어떤
신비한 힘이 작용한다고 여겼을 수도 있다.

소나무를 비롯한 상록수를 보면 사람들은 그 잎이 아예 안
지는 줄 안다. 심지어 한 번 생긴 잎을 평생 매달고 있다고
생각하는 이도 적지 않다. 그러나 상록수 잎도 진다. 나무마다
다르지만 잎의 수명이 대략 2년쯤 되어 작년 잎과 올해 잎이
동시에 붙어 있기 때문에 늘 푸르게 보이는 것이다.

열매인 솔방울도 마찬가지다. 올해 핀 꽃이 올해 열매를 맺어
번식하는 게 아니라 열매가 영그는 데만 2년 정도 걸린다.
흔히 보는 갈색 솔방울은 이미 씨앗이 날아가고 깍지만 남은
3년차 열매다. 씨앗이 여무는 데 2년 정도 걸리는 소나무는

수분된 암꽃.
즉 올해 생긴 솔방울

올해 니온 잎

작년에 수분된 2년차 솔방울.
올 가을에 익을 것이다.

작년에 나온 잎. 2년차

재작년에 만들어진 솔방울.
솔씨가 다 날아가고 비어 있다. 3년차

재작년에 나온 잎. 이미 거의 다 졌다.
즉, 솔잎은 수명이 약 2년이란 것을 알 수 있다.

말하자면 임신 기간이 700일을 넘기는 셈이다. 통상 280일의 임신 기간을 갖는 사람에 직접 비유할 것은 아니지만, 적어도 이렇게 오랜 시간 공들여서 씨앗을 만드는 나무도 있다는 것을 사람들이 알았으면 한다. 그러면 잘 여문 씨앗 하나 만들겠다고 소나무가 정성을 다해 키운 솔방울 하나도 하찮아 보이지 않을 것이다.

○ 양평에서

솔방울.
8월이면 거의 다 생장하고
이후 천천히 건조된다.
10월 정도면 거의 다 말라
씨앗을 날려 보낼 준비를 할 것이다.

6월 11일, 태산목

태산목은 목련과 나무 중에 유일한 상록수이며, 꽃이 제일
크고 향기도 강해서 내가 정말 좋아하는 나무다. 주변에서는
백목련을 제일 쉽게 볼 수 있고 '산목련'이라고 하는
함박꽃나무는 깊은 숲에 자라 일반인은 보기 어렵다. 그에
비해 남부지방에 가면 이 태산목을 쉽게 볼 수 있다.

태산목은 겨울에도 두툼하고 반짝이는 잎을 달고 있다.
뒷면이 살짝 누렇게 변해서 그와 대비되는 초록이 더욱 예뻐
보인다. 비슷한 시기에 피는 일본목련 꽃이 살짝 아이보리
빛을 띠는 데 반해, 태산목은 꽃도 순백색으로 깨끗하다.
아쉽게도 꽃 피는 기간은 짧다. 그래서 꽃을 보기 위한
목적보다는 일 년 내내 반짝거리는 초록 잎을 즐기기 위해
마당에 심는다고 봐야 할 것이다.

나도 전주 집에 태산목 한 그루를 심고 싶어서 알아보았지만
묘목 파는 곳을 찾기 어려웠다. 그러다 전주박물관에 갔을 때
바닥에 떨어진 씨앗 몇 개를 보고 주워 와서 마당에 심었는데
싹이 나질 않는다. 새가 먹고 우리집 마당에 똥을 싸 주길
기대해야 할까?

전주는 따듯한 지역이라 상록수가 꽤 많다. 가시나무도 있고
호랑가시나무, 광나무, 비파나무도 흔히 보인다. 당연히
태산목도 자주 볼 수 있다. 전주에서 마지막 삶을 보낸 신석정

시인은 태산목을 특히 좋아했다고 한다. 그가 마지막으로
머물렀던 집이 지금은 찻집이 되어 정원을 관람할 수 있다.
그의 정원에서 잘 생긴 태산목을 감상하자니 '나랑 좋아하는
나무가 같으셨구나.' 하며 동질감이 짙게 느껴졌다.

저마다 자기만의 나무 하나 정도는 키울 수 있는 환경이 되면
좋겠다. 자기 집 마당이든, 동네 숲이나 공원에든.

○ 전주

9장의 꽃잎이
3장씩 다른 모양으로
생겼다.

6월 20일,
졸참나무 여름잎

졸참나무가 올해 새잎을 냈는데 그 잎이 짙어질 무렵 또 다른
잎이 밝은 색으로 돋아나고 있다. 이런 잎을 '하엽'이라고
한다. 여름에 새로 나기 때문에 여름잎이라 부르는 것이다.
그런데 왜 이럴까? 봄에 잎이 많이 나서 한 번에 쑥 자라는
것도 좋지 않나? 왜 굳이 두 번으로 나눠서 자라는 걸까?

집 앞에 심은 버드나무는, 관찰하니 일 년에 네 번이나
새잎이 나왔다. 아무래도 봄에만 한 번 잎이 나는 고정생장
나무들보다 자율생장을 하는 나무가 더 많이 자라긴 하는

것 같다. 하지만 단순히 많이 자라기 위함이면 처음부터
겨울눈을 크게 만들거나 에너지를 듬뿍 모아서 한 번에
자라도 될 텐데, 꼭 이렇게 나눠서 자라는 이유가 뭔지 알 수
없다.

그냥 추측하기로는, 4월에 돋아난 잎을 5월에 나오는
애벌레들이 많이 갉아먹으니까 6월에 새잎을 다시 내기로
한 건 아닌가 싶다. 특히 개나리는 개나리잎벌이라는 곤충이
꼬여 새봄에 나온 잎을 몽땅 갉아먹어 버린다. 그걸 보며 '저
개나리는 올해 어쩌나.' 걱정을 했는데 걱정이 무색하게도
얼마 후 새잎들이 빼곡히 돋아났다.

정확한 이유는 몰라도 나무들의 저마다 다른 생태 활동은
모두 살아남기에 유리하기 때문에 채택된 결과다. 여름이
되어 나무들의 눈부신 성장을 지켜보다 보면 진초록 잎들
사이로 밝은 연둣빛 잎들이 새로 돋아나는 것을 종종 볼
수 있다. 그럴 때 '아, 저 나무는 여름에 한 번 더 자라는
나무구나.' 하고 생각하면 된다.

○ 남산

6월 24일, 제비꽃 씨앗

우리나라에 있는 제비꽃 종류만도 60종이 넘는다고 한다.
작은 꽃의 차이를 일일이 알아보고 이름을 구별해 불러
주기는 어려운 일이다. 그런 것은 식물학자들에게 맡기고
우리는 좀 다른 생각을 하면 좋겠다.

제비꽃 씨앗에는 엘라이오좀elaiosome이라고 하는 종침種枕
혹은 지방체가 붙어 있다. 이 성분 때문에 개미들이 물고
가서 먹거나 애벌레에게 먹이로 주고 남은 씨앗은 밖에다

버린다고 한다. 들으면 참 신비로운 이야기인데 직접
목격하기가 쉽지 않으니 잘 와 닿지 않는다. 그보다 이 시기에
딱 우리 눈으로 볼 수 있는 재밌는 순간이 있다. 바로 제비꽃
씨앗이 번식하는 장면이다.

제비꽃 열매는 다 익으면 세 갈래로 갈라지는데, 그 안에
조그맣고 진한 갈색 씨앗들이 꼭 달걀판에 가지런히 자리
잡은 달걀들처럼 모여 있다. 그러다가 열매 '꼬투리'라고
말해야 할까, 그 부분이 말라 쪼그라들면서 씨앗이 밖으로
튀어 나간다. 씨앗이 작아 멀리 가지는 못한다. 이차적으로
개미나 빗물의 신세를 져야 더 멀리까지 이동할 수 있다.

작은 식물의 씨앗들도 이렇게 조금씩 이동을 한다. 어느 학술지에는 개미보다는 초식동물이 그 이동을 돕는다고 보고된 적이 있다. 개미의 도움만으로는 제비꽃이 전 지역에 걸쳐 그렇게 광범위하게 번식하기가 어려울 거라는 의견이다. 일리가 있다. 어쨌든 조금이라도 멀리 가보겠다고 스스로 씨앗을 톡! 하고 쏘아 보내는 작전이 귀엽다.

제비꽃 열매가 막 세 갈래로 갈라지는 순간도, 씨앗이 발사되는 순간도, 조금만 관심을 갖고 지켜보면 누구나 관찰할 수 있다. 자연이 왕성하게 생명 활동을 하는 이런 시기엔, 때를 맞춰 그 앞에 멈춰서 기다리는 시간을 가져 보자.

○ 서울

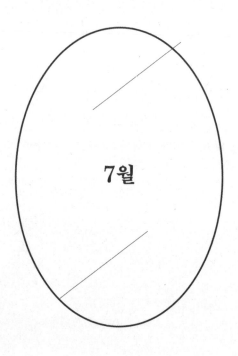

7월

7월 5일, 칡 잎

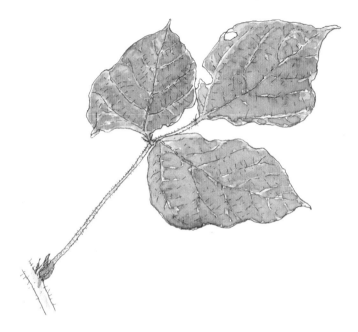

숲 언저리에는 칡이 많다. 덩굴식물인 칡은 다른 나무를
기어오르는 습성이 있다. 무엇이든 감고 올라가지 않으면
햇빛을 못 봐서 죽게 된다. 칡은 살기 위해 다른 나무를 타고
오르는데, 나무를 뒤덮고 나면 이제는 그 나무가 숨을 못 쉬어
죽을 수도 있다. 그래서 사람들은 칡을 제거한다.

가만 보면 칡도 나무고 생명인데 너무 푸대접하는 것 아닌가
싶다. 숲 언저리만 보면 칡이 숲을 다 집어삼킬 듯 많아
보이지만 깊숙이 들어가면 그렇지도 않다. 칡뿌리를 얻겠다고
사람들이 하도 캐대서 오히려 드물어졌다. 나무들이 누구

덕에 그 자리에서 건강하게 살게 되었는지도 생각해 볼
대목이다. 칡과 같은 콩과 식물들의 역할로 땅이 비옥해지고
그래서 점점 더 많은 풀과 나무가 숲에 들어와 살게 된 것
아닌가? 오히려 칡에게 감사할 일이다.

칡이 잎을 만드는 모양을 보면 대단히 현명하다. 그 현명함을
이해하면 함부로 대할 수가 없다. 칡 잎은 모여 나는 세 장이
최대한 겹치지 않게 디자인되었다. 양옆에 난 잎은 가운데
잎과 모양이 다른데, 잎이 최대한 겹치지 않도록 안쪽 면을
깎아낸 비대칭 모양이다. 가운데 잎은 잎자루를 더 길쭉하게
내서 앞으로 나와 있다. 애써 넓은 잎을 만들었는데 서로
겹치는 면 때문에 광합성 효율이 떨어지면 손해일 테니까.

장점은 단점이 될 수도 있다. 이처럼 광합성 효율이 높은 잎
구조는 날씨가 무더우면 표면온도가 올라가 역효과를 낼
수 있다. 이럴 때 칡은 다시 각도를 조절해 잎을 세운다. 이
경우에도 잎 세 장이 따로 움직이는 게 좋다. 잎들을 서로
떼어 놓은 작전은 여러모로 현명한 판단이었다. 이런 칡을
함부로 대할 수 없다.

○ 임실 시골집

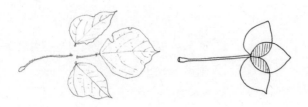

7월 7일, 벗나무 잎

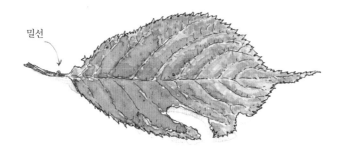

밀선

벗나무에 관해선 이야기가 많다. 벗꽃에 대한 남다른
관심에서부터 그 목재가 팔만대장경을 만들 때 쓰였다는
역사적 사실까지 알면 재미난 사연이 풍부하다. 그래도
생태적 관점에서 꼭 빼놓지 말아야 할 것은, 역시 잎에 관한
이야기다.

벗나무 이파리를 자세히 보면 잎자루 부분에 아주 작은
돌기가 두 개 있다. 꿀이 나오는 샘, 즉 밀선蜜腺이라고 부르는
부위다. 왜 잎에서 꿀이 나올까? 개미를 불러들이기 위함이다.
개미가 와서 그곳을 자극을 하면 꿀이 나온다.

나무한테 제일 성가신 존재는 곤충 애벌레다. 성충이 되어
꽃가루받이를 해주는 것은 좋지만, 애벌레시기에 잎을
갉아먹는 것은 광합성을 할 주요 부위를 손상시키는
행위이니 싫을 수밖에 없다. 그래서 잎들의 피해를 줄이고자

벚나무는 애벌레들의 천적인 개미를 불러들인다. 적의
적을 이용해 적을 막아내는 방법!《손자병법》보다 먼저
이이제이以夷制夷를 실천한 셈이다.

밀선은 식물이 곤충을 이용해 다른 곤충을 막아내는 신묘한
기술이다. 이에 대해 알고 나면 나무를 볼 때 그냥 지나칠
수가 없다. 벚나무 말고도 자두나무, 복사나무, 귀룽나무,
백당나무 등 다양한 나무에 밀선이 발달해 있다. 나뭇잎이
무성한 계절에 나무를 만나면, 잎자루 부분에 돋보기를
들이대듯 가까이 다가가서 밀선을 찾아보길 바란다. 관찰을
통한 발견의 기쁨을 맛볼 수 있을 것이다.

○ 서울

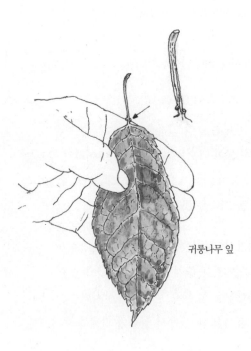

귀룽나무 잎

이삭* 모양이 강아지 꼬리를 닮아서 강아지풀이다. 이 무렵 어디서든 볼 수 있으니 귀하다 말할 수는 없는 풀이다. 다른 나라에서도 늑대나 여우 꼬리에 비유한 이름을 쓰고 있다고 하니, 언어는 달라도 보는 시각은 비슷한 모양이다.

흔히 꽃이라고 하면 화려한 색깔을 떠올리는데, 사람들이 꽃인 줄 몰라서 그렇지 녹색 꽃도 의외로 많다. 강아지풀처럼 주로 벼과에 속하는 풀들이 대표적이다. 화려하지 않은 꽃 때문에 더욱 평범하게 여겨지는 강아지풀에게는 사람들이 잘 모르는 놀라운 비밀이 있다. 광합성을 하는 식물들은 주로 햇빛을 이용해 포도당을 만드는데, 강아지풀이 만드는 포도당은 대부분의 풀들이 만드는 것과 조금 다르다.

조금 복잡한 이야기가 될 수 있지만 한 번 해보자. 식물 대부분은 광합성을 위한 중간 산물로 탄소 원자 3개짜리 화합물을 만든다. 그래서 'C3 식물'이라고 부른다. 지구상의 식물 95퍼센트가 여기에 속한다.

여름에 햇빛이 강하면 광합성 양이 많아져서 식물은 좋겠다고 생각하기 쉽지만 그 과정이 단순하지 않다. 광합성을 많이 하려면 공기 중 이산화탄소를 흡수하기 위해 기공을 더 열어야 하는데 이때 수분 손실이 상당하다. 수분 손실을 덜기 위해 기공을 닫으면 이산화탄소가 부족해 광합성 효율이 떨어진다.

---

* 벼와 옥수수 등 주로 곡식이 열리는 식물에서 꽃이 피고 열매가 열리는 부분.

이런 난처한 단점을 극복하기 위해 새로 탄생한 식물군이 있으니, 바로 탄소가 4개짜리인 중간 화합물을 만드는 'C4 식물'이다. 이 식물들은 햇빛이 강할수록 잘 자라고, 수분 손실도 적어 건조한 곳에서도 잘 버틴다. 우리에게 많은 곡식을 가져다주는 벼과 식물들이 대부분 여기에 속한다. 강아지풀도 바로 C4 식물이다.

보잘 것 없이 평범하다고 여겨지는 것들도 알고 보면 저마다 특출난 면이 있다. 우리가 몰라보고 있을 뿐이다.

○ 서울

7월 8일, 이끼

숲을 걷다가 흔히 만나게 되는 이끼. 숲 바닥에도, 나무 등걸에도 잘 붙어 자라는 이끼를 그냥 지나치지 말고 손으로 꼭 만져 보라고 권하고 싶다. 이끼의 존재 자체도 참 고맙거니와 '스윽~' 하고 만져지는 촉감도 지구에 살면서 한 번쯤 경험해 보면 좋을 감각이다.

이끼는 신기하게도 초창기 식물의 모습을 유지하고 있다. 지구에 최초로 등장한 식물이 바다에서 광합성을 하는 조류로부터 기원했다는 것은 잘 알려진 사실이다. 바다에서 육지로 올라온 후 키를 키우거나 부피를 늘리거나 화려한 꽃을 만들거나 하며 진화를 거듭한 다른 식물들에 비해, 옛 모습을 대부분 유지하며 살고 있는 것이 우리가 이끼라고 부르는 선태식물이다.

이끼는 자기 몸무게보다 5배 이상 많은 물을 머금는 능력이 있다고 한다. 비가 한바탕 뿌리고 지나가면 나뭇잎은 공중으로 수분을 날리거나 줄기 아래로 물을 흘려보내는 반면, 이끼는 빗물을 그냥 보내지 않고 붙잡아 둔다. 제 몸에 품고 가습기처럼 숲의 수분을 조절하는 역할을 한다. 숲에는 건조해지면 살기 어려운 생명들이 있는데, 이들이 이끼에게 신세를 진다. 우리 눈에 보이지 않을 정도로 작은 곰벌레 같은 미소생물부터 달팽이, 이끼도롱뇽 등 많은 생명이 도움을 받는다.

나무의 위쪽보다 아래쪽에 이끼가 더 잘 발달하는 것은
빗물이 머무는 시간이 아무래도 길기 때문이다. 이끼뿐
아니라 나무껍질도 약간의 코르크층으로 물을 머금는
능력이 있다. 비가 오고 나면 한동안 나무가 축축한 이유다.
나무 아래쪽은 훨씬 오랫동안 축축해서 이끼가 붙어살 만한
환경이 된다.

물과 함께 많은 생명을 품어 주는 이끼가 양탄자나 이불처럼
푸근하게 느껴진다. 늘 지나치며 제대로 눈길조차 주지
않아도 낮은 자리에서 제 역할을 톡톡히 하는 존재들이 있다.
알고 보면 세상은 이들에 의해 지탱되는 경우가 많다.

○ 남산

햇볕이 쨍쨍한 한여름에 '이제 내가 나설 차례인가?' 하고 툭 튀어나오는 정열의 꽃. 숨 쉬기도 힘들 것 같은 무더위 속에서 꽃을 피워 내다니 대단한 식물이다.

비바람이 몰아친 다음 날, 길바닥에 능소화 꽃이 뚝뚝 떨어진 것을 보았다. 송이째 처연하게 떨어진 모습을 보니 아쉬움이 더하다. '꽃이 지는 건 제 역할을 다 해서이니 슬퍼하지 말자'고 생각하며 돌아서려는데, 아무리 봐도 열매가 보이지 않는다. 왜 열매가 없지?

간혹 소셜미디어에서 능소화 열매를 보았다며 사진을 올리는 사람을 보는데, 그들 역시 처음 보았다거나 오래 관찰하다 어렵게 만났다는 의견을 달아 놓는다. 능소화는 왜 열매가 귀할까? 혹시 중국 원산인 능소화의 꽃가루받이를 도와줄 동물이 우리나라에 많지 않은 걸까? 이런저런 의심을 해보지만 꽃의 암술과 수술 모양을 보면 수분이 그렇게 어려울 것 같지 않은 구조다. 꽃 모양이 비슷한 오동나무는 꽃가루받이를 잘만 하던데.

능소화의 원래 이름은 능소凌霄였다. 이후 '꽃 화花' 자를 더해 능소화가 되었다. 그러니 이 식물에 얽힌 전설이라며 '소화라는 궁녀가~' 하고 시작하는 이야기는 후대가 멋대로 꾸며낸 이야기임을 알 수 있다. 능소화에 대해서는 한동안 우리나라 전역에 떠돌던 헛소문도 유명했다. 다른 꽃가루와 달리 능소화 꽃가루에는 갈고리가 달려 있어서 그것이 눈의 점막에 묻으면 눈물을 흘려도 씻겨 나가지 않고 각막을

파고들어 결국 실명하게 된다는 무서운 이야기. 오죽하면
티비 뉴스에서도 그 얘기가 헛소문이라는 토픽을 다루었을까.

사람들은 헛소문에 약하다. 가짜뉴스에 혹한다. 그런 뉴스를
만들고 퍼뜨리는 사람이 제일 나쁘지만 우리 안에 그런
이야기를 좋아하거나 기대는 마음이 있기 때문에 자꾸
만들어지는 건 아닐까? 잘못된 정보는 최대한 빨리 바로잡고,
그런 정보를 생산한 사람은 사과해야 한다. 그러면 사고는
생각보다 빨리 마무리된다. 실수나 잘못을 인정하지 않고
변명부터 시작하면 일만 더 커진다.

○ 서울

7월 19일, 매미 허물

여름이 한창이다. 우리 동네에선 늘 이맘때 매미 울음이
시작된다. 각자 살고 있는 동네에서 첫 매미 소리가 언제
들리는지, 또 끝 매미 소리는 언제인지 기록해서 비교해 보는
것도 재미있을 것이다. 올해 나는 7월 14일에 첫 매미 소리를
들었다.

지역마다 다르겠지만 얼추 7월이면 매미가 나온다.
'나온다'는 것은 땅속에서 올라온다는 말이다. 매미는
땅속에서 애벌레 상태로 적어도 1년, 길게는 7년을 머물다가
밖으로 나온다고 알려져 있는데, 과연 그것을 야생에서
눈으로 보고 정확히 측정해 본 사람이 있을까? 아마도
곤충학자들은 매미 약충을 실험실에서 기르다가 우화한
연도로 기록했을 거다. 그러면 원래 사는 환경과는 다르니
다른 값이 나올 수도 있는 것 아닌가?

신기하게도 매년 같은 종류의 매미를 본다. 나는 이 점이 늘
의문이었다. 참매미의 생애 주기가 3년이라고 알려져 있는데
매년 보고 있다. 이게 어떻게 된 일일까? 매미가 3, 5, 7, 13
이런 소수의 주기로 우화해서 천적과의 만남을 줄이려고
한다는 이야기도 신빙성이 떨어진다. 이제껏 숲속에서
말매미, 참매미, 애매미, 유지매미 등 다양한 매미를 어느 한
해도 못 보고 지나간 적이 없다. 매년 이렇게 다양한 매미를
만나는데, 주기라는 게 과연 맞기는 한 건지 모르겠다.

어쨌든 지금 내가 주목하는 것은, 저렇게 자기 몸을 감싸고 있던 딱딱한 외투 같은 껍질을 깔끔히 벗어 던지고 하늘로 '맴~' 하고 날아가 버린 매미의 자유로움이다. 나는 그간 살아온 과거의 경험에서 벗어날 수 있는 게 한 개라도 있나? 과거가 쌓여 지금의 내가 된 것이니 당연히 어디로 사라지지는 않겠지만 잘못했던 일들, 되풀이되는 실수, 아픈 기억들을 이제는 말끔히 벗어 버리고 싶다. 하지만 그게 맘처럼 쉽지 않다. 이제의 나와 달라진 오늘의 나, 매일 조금씩 달라지는 나. 그저 그런 나아짐으로 위안을 삼아야 할 것 같다.

○ 남산

7월 20일, 바랭이

바랭이는 살아남기의 최강자가 아닐까? 도심 한복판
보도블록 사이에서도 잘 자란다. 강아지풀처럼 C4 식물이라
덥고 건조한 환경에서도 자랄 수 있고, 잎은 날카로워
초식동물이 함부로 먹기가 쉽지 않다. 줄기가 부러져도 금세
새 줄기가 올라온다. 줄기 마디에서 아예 새 뿌리가 돋아나
기어가면서 새로운 개체로 번식할 수도 있다. 물론 꽃을 피워
씨앗으로도 번식한다. 정말이지 머리부터 발끝까지 빈틈이
없다.

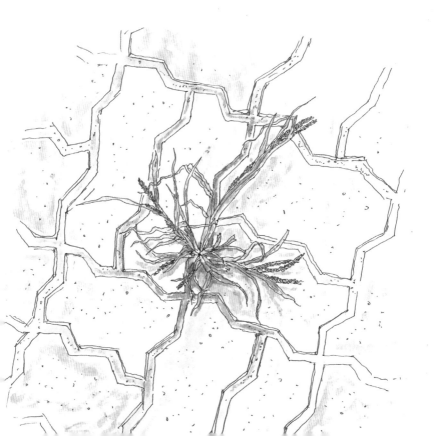

이러니 농부들이 밭에서 바랭이를 제거하느라 기운을 뺀다.
아마 제초제를 발명케 한 1등공신일 것이다. 그런데 농사를
짓지 않은 입장에서는 바랭이도 그냥 식물 중에 하나다.
예쁘게 보자면 이보다 좋을 수 없다. 광합성도 잘하고
생명력도 강하니 오히려 사막화된 지형에 바랭이를 심어도
좋지 않을까 싶다.

지혜로운 농부는 논두렁의 바랭이를 뽑지 않는다 했다.
바랭이의 억센 뿌리가 논두렁 흙을 꽉 붙잡고 있어서
무너지지 않기 때문이다. 모든 면에서 나쁜 생명은 없다. 좋게
보자면 한없이 좋을 수도 있는 법이다. 무엇이라고 규정하는
순간, 그것의 정체성이 정해진다. 적어도 들에 난 자유로운
풀들에게 '잡초'라는 정체성을 심어 주진 않았으면 한다.

○ 전주

줄기 마디에서
뿌리가 나오고 있다.

7월 20일, 오동나무 잎

집을 나서서 전철역으로 내려가는 길에 갑자기 시원해진다.
나무 한 그루가 넓은 잎으로 한여름 햇살을 막아주고 있다.
잎이 엄청 크다. 오동나무다.

오동나무는 아마도 우리나라에서 볼 수 있는 나무 중에 잎이
제일 클 것이다. 나무의 생장도 무척 빨라서 1~2년생인
오동나무가 내 키를 훌쩍 넘겨 자란다. 잎도 금방 커서 지름
30센티미터를 가볍게 넘긴다. 정말 큰 잎은 60센티미터를
넘기기도 한다. 풀잎으로는 연잎과 토란잎이 가장 크다면
나뭇잎은 오동나무가 제일이다.

잎이 큰 나무는 자연히 이파리 개수가 적다. 오동나무의 경우
꽤 자란 나무도 맘먹고 달려들면 이파리를 다 셀 수 있을
정도다. 그래도 나무 한 그루의 광합성 양을 합산해 비교하면
잎이 큰 나무나 잎이 작은 나무나 엇비슷하다고 한다. 잎이
작은 나무는 잎의 개수를 늘리고, 잎이 큰 나무는 개수를
줄여서 비슷한 양의 햇빛을 먹는 것이다. 왠지 흔히들 말하는
'행복 총량의 법칙'과 비슷하게 '광합성 총량의 법칙'이 나무
세계에 있는 것 같다.

광합성은 우리가 일상적으로 사용하는 단어인 데다 식물에겐
극히 자연스러운 생존 행위여서 모두가 당연하게 받아들이고
있지만, 가만 생각해 보면 아주 놀라운 현상이다. 우리 인간을

포함한 동물은 다른 생명체를 먹어서 생명을 유지하는 반면에 식물은 스스로 양분을 만들어 살아간다. 그 양분을 만드는 데 필요한 것이 단지 물, 이산화탄소, 햇빛뿐이다. 이 얼마나 경이로운가.

식물 이파리는 햇빛을 받아 그 에너지로 물 분자와 이산화탄소 분자를 해체했다가 다른 화합물로 만들어 낸다. 포도당이다. 화학식으로 적으면 '$6CO_2 + 12H_2O$ + 햇빛 $\rightarrow C_6H_{12}O_6 + 6H_2O + 6O_2$'의 과정이다. 세상에서 가장 아름다운 화학식이 아닐까? 초록 초록한 잎들이 햇빛을 받아서 만든 양분을 애벌레가 갉아먹고, 그 애벌레를 사마귀가 먹어 생명을 유지하고, 그 사마귀를 또 새가 먹고……. 끝없이 이어지는 자연 생태계의 먹이사슬이 맨 처음엔 식물의 잎에서 시작된다. 더욱 놀라운 것은 이 광합성의 결과로 지구의 모든 생명이 먹고사는 산소가 발생한다는 것이다.

집에서 화초 몇 개 키우거나 농사 몇 백 평을 지으면서 마치 식물을 지배하는 듯한 착각에 빠져 사는 사람도 있겠지만, 알고 보면 식물이 만들어 내는 산소 없이는 한시도 살 수 없는 게 우리 인간이라는 존재다. 우리가 오히려 식물에 기대어 살고 있다. 녹색 잎을 볼 때마다 감사해야 하는 이유다. 오동나무 잎은 아주 크니까 더 감사해야겠다.

○ 서울

7월 27일, 질경이

질경이는 키가 작다. 그래서 키가 큰 식물들 틈에서는
광합성을 하기 어려워 다른 식물이 살지 않는 곳을 찾아
나섰다. 바로 길이다. 뻥 뚫린 하늘에서 햇빛이 쏟아지니
자기만의 세상이다. 나대지, 임도 등 흙이 있는 빈 공간엔
어김없이 질경이가 자란다.

그런데 시련이 있다. 지나다니는 사람들의 발걸음과 자동차
바퀴에 자주 밟힌다. 남들이 가지 않는 길에는 다 이유가
있는 법이다. '이럴 줄 알았으면 나오지 말걸 그랬나?' 하지만
질경이는 후회하지 않는다. 대신 시련을 이길 방법을 찾았다.
딱딱한 꽃대 대신에 부드러운 꽃대를, 단단한 이파리보다는
부드러운 이파리를 만들었다. 심지어 잎 안에 실처럼 생긴
심을 넣어 어지간해서는 찢어지지 않는다.

더욱 놀라운 것은 질경이의 번식 방법이다. 아주 조그만 단지
모양 열매에 씨앗이 들어 있는데 이걸 어떻게 퍼뜨릴까?
바로 시련을 이용하는 방법이다. 자신을 짓밟은 사람이나
동물의 발에 의해 씨앗이 튀어 나오고 바로 그 발이나 신발
바닥, 신발 끈, 바지 밑단 등에 묻어서 이동한다. 그렇게 해서
질경이는 북한산 정상에도 올라간다. 위기를 기회로 삼는
멋진 작전이다.

자신을 괴롭히는 존재를 자신에게 도움을 주는 존재로

바꾸는 것. 그것은 자연에서 수없이 많이 일어나는 삶의
지혜다.

○ 서울

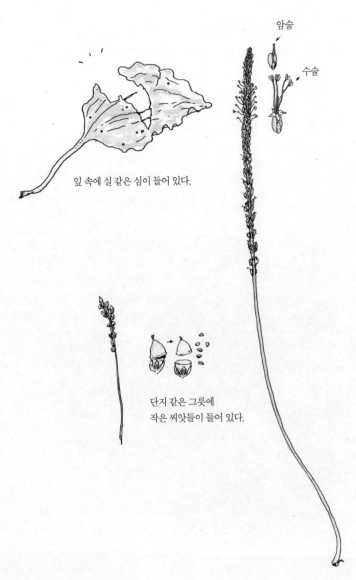

암술

수술

잎 속에 실 같은 심이 들어 있다.

단지 같은 그릇에
작은 씨앗들이 들어 있다.

7월 31일, 도토리거위벌레 흔적

여름이 시작되고 나서부터 숲을 걸을 때 바닥에 떨어진
참나무 가지를 자주 본다. '바람에 떨어졌겠지' 하고 무심히
지나칠 수도 있지만, 가지를 주워 자세히 보면 신기한 점을
발견할 수 있다. 가지의 잘린 단면이 너무 깔끔하다는 것.
마치 사람이 전지가위로 뚝 잘라낸 것처럼 생겼다.

사실은 사람이 아니라 '도토리거위벌레'라고 하는 곤충이 한
짓이다. 도토리 안에 알을 낳은 후 가지를 잘라서 바닥으로
떨어뜨린다. 왜 그러는 걸까? 알을 밖에 낳는 것보다 어딘가
안쪽에 낳아 놓으면 더 안전할 것이다. 애벌레가 되어서
도토리를 먹으며 자랄 수도 있다. 그리고 이 애벌레는 크면
성충이 되기 위해 땅속을 찾아 기어들어 가야 하는데, 미리
땅 가까이로 떨어뜨려 준 것도 어미의 배려일 수 있다. 그냥
도토리만 떨어뜨리지 않고 잎과 함께 가지째 떨어뜨리면
바닥에 닿을 때 충격도 덜할 것이다.

가만 생각해 보면 세상에 이유 없는 것이 없다. 손톱만 한
벌레가 그 어려운 일을 해낸다. 미물도 제 새끼를 위해 최선을
다하는데 요즘 인간 세상의 뉴스를 보면 어떤가? 부모가
아이에게 줄 수 있는 가장 큰 선물은 '우리 부모님은 날
제일 사랑하셔.'라고 아이가 느낄 수 있을 정도의 사랑이다.
그뿐이다.

○ 남산

169

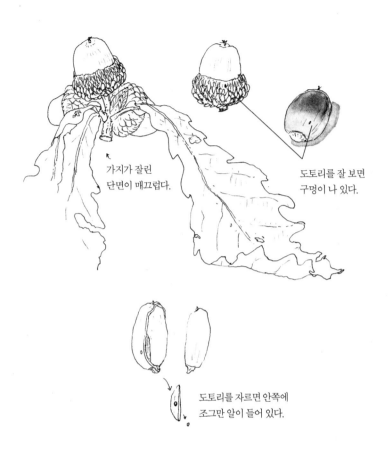

가지가 잘린
단면이 매끄럽다.

도토리를 잘 보면
구멍이 나 있다.

도토리를 자르면 안쪽에
조그만 알이 들어 있다.

10mm

실제 크기

도토리거위벌레

7월 31일, 바람이 심은 식물

길을 걷다 흔히 보게 되는 장면이다. 보도블록 틈에서 자라는
풀, 가로수 심은 자리 주변에 무성히 돋아난 풀, 그리고
이렇게 담벼락 밑에서 자라난 풀. 도시 길가의 많은 식물이
그렇지만 특히 담벼락 밑에서 자라는 식물은 바람에 의해
번식한 경우다. 오동나무도 그렇고 국화과인 개망초와
서양등골나물도 그렇다. 그 외에도 수많은 식물이 담벼락
아래 빈틈에서 용케도 자리를 잡고 자란다. 바람과 담이
만들어 낸 합작품이라고 할 수 있다.

개망초

서양등골나물

오동나무

바람에 날리던 씨앗이 벽에 부딪쳐 더 이상 날지 못하고 그 밑에 자리를 잡는다. 비가 오면 빗물이 잘 고이고, 그로 인해 틈이 벌어져 콘크리트를 부수고 흙이 노출된 공간. 그 좁은 땅에 딱 자리를 잡고서 뿌리를 내렸다. 길에 흔한 잡초와 잡목들도 이렇게 여러 조건이 들어맞았을 때만 그 자리에서 생명을 이어갈 수 있다. 뿌리내릴 조건이 안 되면 식물은 어디서도 자라지 못한다.

도시에서 수많은 바람과 수많은 벽들과 수많은 빗물이 이런 작품을 만들어 낸다. 길가 식물을 우습게보지 말아야 할 이유다. 식물의 번식률은 생각보다 낮다. 적어도 어떤 자리에서든 뿌리를 내리고 살게 된 식물은 그 노력과 결과만으로도 칭찬받고 축하받을 자격이 있다.

○ 서울

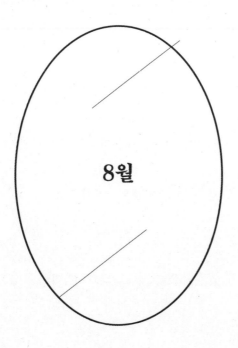

8월

8월 1일, 봉숭아

10년 전부터 키우던 벤자민고무나무가 지난겨울 추위에
그만 얼어 죽고 말았다. 전주는 그렇게 추울 줄 몰랐는데 내
부주의다. 동네를 지나다 길가에 봉숭아 하나가 작게 자라고
있기에 뽑아다 빈 화분에 심었다. 예쁘게 잘 자랐고 꽃도 잘
피워 주었다. 그렇게 한 해가 지나고 올해는 그 자리에서
저렇게 여러 포기가 자라고 있다.

그런데 놀라운 일이 생겼다. 화분을 둔 데크 아래, 봉숭아
한 포기가 자라기 시작하는 것이다. 작년에 자라던
아이의 씨앗이 화분을 벗어나 데크 아래로 떨어진 게다.
화분으로부터 약 80센티미터 앞. 1년에 80센티미터를
이동한 셈이다. '생각보다 멀리 가지는 못 하네.'

바람이나 동물의 도움을 받지 않고 스스로 씨앗을 산포하는
식물도 많다. 물론 이차적으로 빗물의 도움을 받아 조금 더
이동할 수 있기는 하지만 혼자 힘으로 이동하는 것은 그렇게
멀리 가지 못한다. 무엇인가 혼자 한다는 것은 쉽지 않다.
하지만 한 해 동안 저만큼이라도 이동했다. 누구의 도움도
받지 않고. 그렇게 한 해 한 해 시간을 거듭하다 보면 수 십
미터, 수 백 미터를 움직일 것이다.

"나 인생 길게 봐~." 고향에서 친구들끼리 이야기하다 현재
상황의 미약함을 안타까워하면 저렇게 툭 던지며 웃곤 했다.
봉숭아야말로 인생 길게 보는 친구다.

○ 전주 집

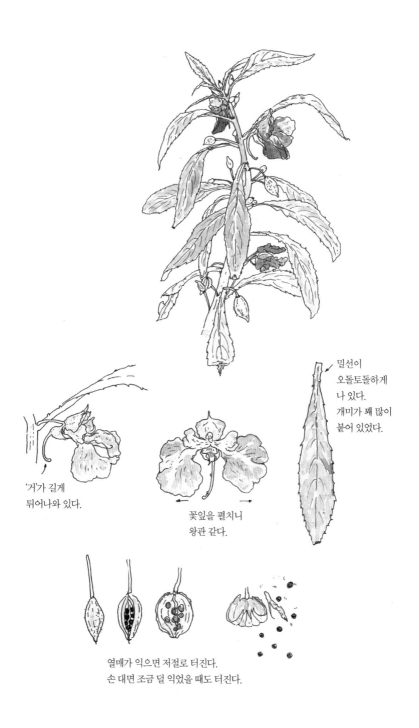

밀선이
오돌토돌하게
나 있다.
개미가 꽤 많이
붙어 있었다.

'거'가 길게
튀어나와 있다.

꽃잎을 펼치니
왕관 같다.

열매가 익으면 저절로 터진다.
손 대면 조금 덜 익었을 때도 터진다.

8월 5일, 열매의 계절

여름은 열매의 계절이다. 학교 다닐 때 배웠던
《용비어천가》의 '꽃 좋고 여름 하나니……'라는 구절에서
이미 '여름'이 열매를 뜻하는 줄 알았다. 그런데도 여름만
되면 '왜 이리 더운 거야?' 하면서 고마운 열매 생각은 잘 안
하게 된다. 무더위는 열매를 살찌우고 잘 여물게 한다. 광합성
양이 많아져 양분을 많이 만들어 내니, 나무는 여름에야
열매를 살찌울 기회를 얻는다. 나무에겐 여름이 없으면
안 된다. 여름이 너무 서늘해도 안 된다. 푸른 감의 시절을
뜨겁게 보내야 맛있는 주홍 감의 시간이 온다.

사람도 잘 여물려면 너무 편하게만 살면 안 된다. 때론
무더위도, 찬 서리도 겪어야 잘 여물 수 있다. 세상은
공평하고 합리적이지만은 않은 곳이다. 어쩌면 불공평하고
불합리한 부분이 더 많을 수 있다. 살면서 공평한 대우와
편안한 환경에만 길들어 있었다면 그렇지 않은 일을 당할
때 더 당황하고 힘들어 하게 된다. 갈등이나 시련에 취약할
수밖에 없다. 간혹 살다가 견디기 힘들 때가 찾아오면
'나를 더 잘 여물게 하려는 건가 보다.' 하고 조금은 담담히
받아들여 보자.

○ 전주

178

8월 11일, 박주가리 꽃

여름에 피는 꽃 중에 역시 멋진 것 중
하나다. 일단 향이 좋다. 칡꽃 향기와
비슷하다. 꽃이 많은 이 계절엔 강렬한
향기가 살아남는 데 도움이 될 것이다.

박주가리는 잎과 줄기에 독이 있다.
잎을 따거나 줄기를 꺾어 보면 속에서
흰색 유액이 나오는데 이 유액을 곤충이
먹으면 배탈이 나거나 죽을 수도 있다고 한다. 그런데 벌써
누가 이파리를 갉아먹었다. 용감하고 대담한 이 녀석은
누굴까? 바로 '중국청남색잎벌레'다. 이 곤충은 스스로 몸에
박주가리 독에 대한 해독제를 만들어 잎을 먹고 소화시킬 수
있다.

'식물은 독을 더 강하게 만들면 어떤 애벌레도 그 잎을 먹지
못할 테고, 곤충은 모든 독에 대한 해독제를 만들면 무엇이든

먹어치울 수 있을 텐데?' 누군가는 이렇게 생각할 수 있다.
하지만 그건 살기 위해 에너지를 지나치게 낭비하는 일이라
양쪽 다 그렇게 하지 않는다. 식물은 너무 많은 곤충에게
먹히지만 않으면 되고, 곤충은 너무 많은 식물을 먹지 않아도
살 수 있다. 식물과 곤충은 그렇게 서로의 삶을 위태롭게 하지
않는 적절한 상태를 유지하며 함께 살아 왔다. 사실 식물은
곤충이 죽기를 바라지 않는다. 잎을 뜯어먹는 애벌레가
귀찮긴 해도 중요한 시기에 꽃가루받이를 도와주는 귀한
손님이기 때문이다. 그저 살짝 깨물어 맛보고는 '앗, 못
먹겠다.' 하고 물러나 주길 바랄 뿐이다.

사실 더 놀라운 이야기는 중국청남색잎벌레에게 있다.
박주가리가 만든 독을 몸 안에 축적해 두었다가 자기를
잡아먹으려 하는 새에게 재사용한다. 새도 이 곤충을
깨물고선 '앗, 잘못 먹었다.' 하고 뱉어낸다는 것이다.
와신상담臥薪嘗膽이라도 하는 것일까? 원수를 갚기 위해
고행을 하며 견디는 삶? 그보다는 천적을 이기기 위해
천적이 싫어하는 것을 차근차근 준비하는 것이라 말할 수
있겠다. "매일매일의 수련으로 나 자신을 보호하는 힘을
얻었도다."라고 중국청남색잎벌레가 폼 잡고 말할 때, 저
뒤에서 박주가리가 "밥이 보약이지."라며 시크하게 한마디
날릴 것 같다.

○ 서울

8월 16일, 칡꽃

여름이 되면 놓치지 않고 꼭 보고 싶은 게 몇 가지 있는데,
열정적인 계절에 피는 화려한 꽃들 중에서도 특히나 칡꽃이
보고 싶다. 보라색 꽃도 예쁘거니와 그 향기를 한 번 맡으면
절대 잊을 수 없다.

올해는 양재역 근처로 야외 수업을 나갔다가 첫 칡꽃을
만났다. 걸음을 멈추고 한참 바라보다가 향기를 맡는다.
뭐랄까, 중독된다고 해야 할까 홀린다고 해야 할까? 강렬한
향이 정말 매혹적이다. 이런 향을 만들기 위해서도 칡은
열심히 물과 이산화탄소와 땅속의 거름을 흡수했을 것이다.
식물은 질소화합물로 향기와 색소를 만든다.

칡도 콩과 식물이라 뿌리에 뿌리혹박테리아가 공생하며
질소를 고정해 토질을 비옥하게 만들어 준다. 이들이
기름지게 갈아 놓은 땅에 다른 식물들이 들어와서 자란다.
남 좋은 일 그만하고 제 몸이나 챙기라며 잔소리하고 싶은
마음이 드는데, 다행히 칡은 매혹적인 향기로 많은 벌들을
불러 모아 꽃가루받이를 하고 있다. 자기는 안 돌보고 주변만
챙기는 그런 맹추는 아닌 듯하다.

○ 서울 양재동

8월 20일, 칠엽수 열매

생긴 건 밤 같은데 밤보다 한참 먼저 익어서 떨어진다.
칠엽수 열매다.

칠엽수를 서양에선 '말밤나무Horse Chestnut'라고 부른다. 이
열매를 말이 좋아해서 그렇다고도 하고, 말이 폐기종에
걸렸을 때 스스로 치료하기 위해 찾아 먹는다는 얘기도 있다.
또 나무의 엽흔*이 말발굽 모양을 닮아 그렇게 부른다고도
하는데 어느 것이 사실인지 알 수 없다.

프랑스어로는 이 열매를 '마롱(marron, 밤)'이라고 해서 나무
이름이 마로니에가 되었다. 우리나라에는 비슷한 나무가 두
종류 있는데, 열매에 가시가 난 것과 열매가 매끈한 것으로
쉽게 구분할 수 있다. 열매에 가시가 난 것을 '서양칠엽수'

---

* 　잎이 떨어진 뒤 줄기나 나뭇가지에 남는 흔적.

혹은 '유럽칠엽수'라 부르고, 열매가 매끈한 것을 그냥 '칠엽수' 혹은 '일본칠엽수'라 부른다. 그중 서양칠엽수가 마로니에다. 한편 서양에서는 이 나무를 부를 때 '말'을 빼고 그냥 밤나무Chestnut라고 부르기도 하기 때문에 유명한 그림이나 소설에 등장하는 밤나무가 대부분 이 서양칠엽수일 가능성이 높다고 한다. 번역을 할 때 주의할 부분이다.

칠엽수 열매는 일찍 익기도 하거니와 이맘때 떨어지는 열매들 중 큰 편에 속한다. 크기와 모양은 밤과 비슷하다. 맛은 너무 쓰고 떫다고 하니 먹지 마시길. 프랑스와 일본에서는 이 열매를 우려서 먹는다고 한다. 녹말 성분이 많아 동물들이 생존을 위해 먹기에도 좋은 열매다. 스스로 굴러서 이동하는 열매들은 모양이 동그랗기도 하거니와 그 안에 녹말을 많이 갖고 있어야 한다. 밤과 도토리가 대표적인데, 굴러다니다 언제 어디서 뿌리를 내릴지 기약이 없기 때문에 양분 저장성이 좋아야 하는 것이다. 이 말은 싹이 난 이후에도 열매 모양을 한동안 유지한다는 것을 의미한다. 스스로 품고 있는 양분이 많으니 새싹이 그것을 기반으로 자란다. 마치 아이가 엄마 젖을 먹고 자라듯이.

서울 남산 정상에서 내부순환버스가 출발하는 방향으로 내려가다 보면 공중화장실이 있는데 그 바로 옆에서 칠엽수가 크게 자란다. 그리고 남산을 내려오는 중간 중간에 칠엽수를 계속 만날 수 있다. 이제 막 돋아나 자라는 어린 개체도 있다. 밑에 내려와 올려다보니 화장실이 있는

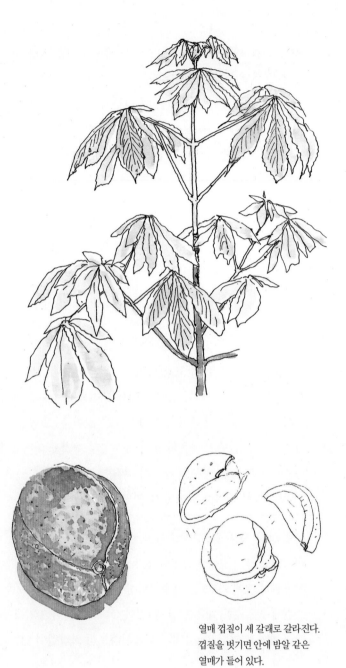

열매 껍질이 세 갈래로 갈라진다.
껍질을 벗기면 안에 밤알 같은
열매가 들어 있다.

위쪽부터 경사를 따라 굴러 내려와 자라는 모양새였다.
길 옆을 계속 살피면서 걸으니 세상에, 한참 밑에 있는
남산도서관 근처까지 칠엽수 열매가 굴러 내려와 있었다.
위에서부터 대략 1킬로미터는 되는 거리다. 아무리 숲보다
마찰이 적은 도로라 해도 혼자서 굴러 이렇게 멀리까지
내려오다니, 놀랍지 않을 수 없다.

동그란 구슬처럼 생긴 열매들은 대개 겉껍질이 단단하다.
중간에 터지지 않고 이렇게 멀리 멀리 굴러가야 하기
때문이다. 굼벵이도 구르는 재주가 있다더니, 칠엽수
열매야말로 제대로 굴렀다!

8월 27일, 지의류

가끔 나무나 바위에 이끼처럼 붙어 있는 이상한 얼룩무늬를
볼 때가 있다. 이끼는 아니다. 가까이 가서 보면 약간 미역
같은 느낌도 난다. 죽은 것인지 산 것인지, 생명체인지
그냥 바위나 나무껍질의 일부인지 헷갈린다. 이런 것을
'지의류'라고 한다.

지의류는 엄연한 생명체다. 그것도 놀라운 생명체다.
미역이나 김 같은 조류와 버섯 같은 균류, 이렇게 다른 특성을
지닌 두 가지 생명체가 공생하는 독특한 구조다. 균류는 뿌리
역할을 해서 물을 흡수하고, 조류는 이파리처럼 햇빛으로
광합성을 해서 양분을 만들어 살아간다.

평소에는 정말 죽은 듯이 지낸다. 그러다가 비가 한 번 내리면
색깔이 달라지고 질감도 부드러워지고 뭔가 살아 있는 것
같은 생동감이 돈다. 우리가 버섯인 줄 알고 먹는 석이버섯도
사실은 지의류이며 그 외에 귀한 한약재로 쓰이는, '소나무
겨우살이'라 불리는 송라도 지의류다. 지의류는 항암제,
방향제, 향수, 살균제의 원료가 되기도 하고 특히 달팽이를
사육하는 사람들은 지의류를 먹이로 준다. 순록이 겨울에
먹는 것도 사실은 이끼가 아니라 지의류라고 한다.

극지에서부터 고산지대, 바닷가, 화산 지형, 심지어 오래된
건물이나 묘비석에도 붙어사는 생명력 강한 지의류는,

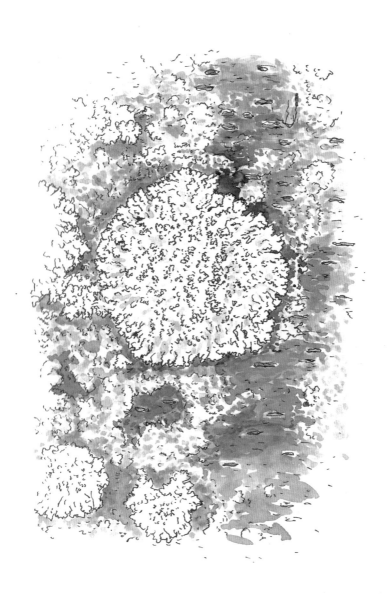

그러나 취약점이 하나 있다. 대기오염에 약하다는 것이다. 그래서 대기 상태가 좋은지를 판단하는 지표종이 된다. 대도시 가로수에서는 지의류를 거의 보기 어려운 반면, 지방 소도시나 시골에 가면 쉽게 눈에 띈다. 제주도에 가면 마을 돌담이나 나무줄기 등에서 정말 많은 지의류를 볼 수 있다.

눈앞에 지의류가 잘 자라고 있다면 '이곳은 공기가 좋은 곳이구나.' 판단해도 된다. 새로 알게 된 사실 하나로 인해 사고의 영역이 넓고 깊어진다. 관찰은 유추의 힘을 기르는 좋은 사고능력이다.

○ 전북 완주군

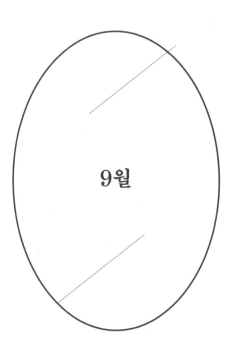

9월

9월 1일, 담쟁이 잎

숲에 사는 나무에 담쟁이 정도는
붙어 있어야 자연스럽다. 담쟁이는
다른 덩굴식물과 달리 줄기에서
흡착성 뿌리가 나와 나무에 착
달라붙어서 올라간다. 칡처럼 꽁꽁
감으며 올라가지 않아서 나무에
큰 해를 주지 않고, 오히려 다른
곤충들이 많이 찾아오게 되어
생태계가 풍성해진다.

담쟁이는 신기하게도 나무
하나에 모양이 다른 잎들을
매달고 있다. 이런 것을 과학 용어로 '잎의 분화 현상'이라
말하는데 황칠나무, 뽕나무, 닥나무, 개나리, 모란 잎에서도
볼 수 있다. 나뭇잎이 다양한 모양으로 분화하는 원인은
알려지지 않았다. 결국은 광합성을 잘하기 위한 목적이
아니겠냐고 추측하지만 그 이치를 정확히 밝힌 사람은 없다.

자연은 이렇게 '전부는 알 수 없음'이 큰 매력이다. 모르는
것을 간직한 채 오래 관찰하면서 답을 찾아가는 재미가 좋다.

모르는 것은 그냥 모르는 것이다. 해답을 얻기 위해 궁리할 뿐, 인간이 지구에서 일어나는 일을 다 알아야 할 필요도 없다. 일상생활에서도 마찬가지다. 내가 모르는 것은 그냥 모르는 것으로 인정해야 맘이 편하다. 다 아는 체하다가 큰코다치는 일이 훨씬 많다.

자연은 늘 우리에게 겸손의 미덕을 가르친다. 거창한 진실을 밝혀내려 애쓰면서도 한낱 나뭇잎의 분화 이유를 모르는 게 인간이다. 어쩌면 가장 원초적이고 근원에 가까운 질문을 더 풀지 못하는 것 같기도 하다.

○ 남산

홑잎 안갈래잎

이렇게 생긴 잎도 있다.

홑잎 갈래잎

겹잎.
세 장이 따로 나 있다.

9월 4일, 배롱나무

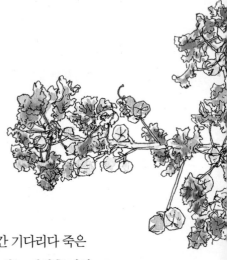

이무기를 죽인 남자를 100일간 기다리다 죽은
여인의 이야기로 널리 알려져 있는 백일홍 전설, 그
주인공이 이 나무다. 예전엔 화단에 심는 원예종 풀
중에 백일홍이라는 이름의 분홍빛 동글동글한 꽃이
주인공인 줄 알았는데 그것은 아메리카 대륙에서
수입해 온 식물이고, 우리 땅에는 나무 백일홍(배롱나무를
'목백일홍'이라고도 부른다)이 훨씬 먼저 들어와 자라고
있었으니 전설의 주인공은 이 나무일 것이다.

어릴 적 우리 동네에서는 배롱나무를 '간지럼나무'라고
불렀다. 나무껍질이 반들반들해서 누구나 한 번씩 만져보게
되는데, 나무에 간지럼을 태우면 가지 끝이 살짝 떨리며
반응하곤 했다. 아이들에게 그 장면을 보여주면 정말로 모두
놀란다. 사실 다른 나무들도 줄기를 간질이면 가지 끝이

움직인다. 다만 배롱나무 껍질이 반들반들해서 간지럼 태울
생각을 많이 했을 것이다.

이름처럼 정말 100일 동안 꽃이 필까? 집 앞에 배롱나무가
한 그루 있어서 지켜보니 7월 초에 첫 꽃이 핀 후 10월
중순까지 110일 가량 꽃을 볼 수 있었다. 한 송이씩 번갈아
가며 오래도록 핀다. 배롱나무 꽃은 왜 벚꽃처럼 한꺼번에
피었다 지지 않고 한 송이씩 차례로 피어 100일이나 가는
걸까? 당연히 곤충을 오래 부르기 위함이다. 순서대로 꽃을
피우며 오랫동안 벌을 불러서 꽃가루받이 확률을 높인다.

세상의 모든 꽃은 어떤 모양, 어떤 색깔, 어떤 방식으로 피든지 간에 번식만이 그 목적이다. 식물들이 저마다 꽃가루받이 확률을 높이기 위해 이 궁리 저 궁리 해낸 결과물이 바로 우리가 아름답게 감상하고 선물도 하는 꽃이다. 이제부터는 그냥 예뻐서가 아니라 다양한 방식으로 저마다의 행복을 찾으라는 의미에서 꽃 선물을 하면 더 좋을 것 같다.

○ 남산

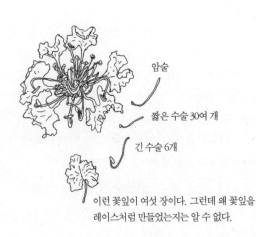

암술

짧은 수술 30여 개

긴 수술 6개

이런 꽃잎이 여섯 장이다. 그런데 왜 꽃잎을
레이스처럼 만들었는지는 알 수 없다.

9월 15일, 채송화

시골에 갔다가 아직까지 채송화가 예쁘게 피어서 "와
이쁘다!" 했더니 어머니께서 "캐 가서 전주 집에 심어라"
하신다. "지금 캐서 심어도 되려나요?" 했더니 "가들은 잘
살어." 하신다.

맞다. 채송화는 쇠비름과 같은 천하무적 식물이다. 칼로 탕탕
잘라도 '아이고 안마해 주니 시원하다', 뽑아서 빨랫줄에
널어도 '아이고 날씨 좋~구나' 한다고 하는 쇠비름. 잡초계의
왕이 바랭이라면 대마왕은 쇠비름이다. 뽑아서 던져 버려도
다음에 가 보면 다시 살아 있는 경우가 있다. 그만큼 생존력이
강한데, 다른 힘이 아니라 바로 건조에 대한 강함이다.
채송화도 마찬가지다. 그래서 뽑아서 옮겨다가 나중에 심어도
살아난다.

앞서 강아지풀이 건조에 강하다 했는데 한수 위가 바로
채송화다. 이런 식물을 CAM Crassulacean Acid Metabolism 식물이라고
한다. 강아지풀 같은 C4 식물이 강력한 엔진으로 적은
양의 물과 적은 양의 이산화탄소로 광합성을 한다면,
채송화 같은 CAM 식물은 한여름 낮이 아니라 밤에 기공을
열어 수분 증발은 줄이고 이산화탄소를 흡수한다. 그리고
그 이산화탄소를 몸에 저장했다가 낮에 햇빛이 강할 때
광합성에 사용한다. 그러니 건조에 강할 수밖에.

실내 원예용으로 많이 키우는 다육식물들 역시 이런 기능이
뛰어나다. 그 능력을 최고치로 끌어올린 식물이 바로 선인장
종류. 사막에서도 살아남는 것들이다. 원시 식물에게서는 볼
수 없는 기능이라고 하니 진화의 산물이라고 할 수 있겠다.
옛날 시골집 마당이나 길가에서 친근하게 보던 채송화에
이렇게나 멋진 기능이 숨어 있음을 누가 알았겠는가? 어릴
적 코찔찔이가 나중에 어른이 되어 멋지게 나타났을 때의
기분이랄까? 미처 몰라봐서 미안하다, 채송화야.

○ 임실 고향집

암술머리가
4~5갈래로 갈라졌다.

질경이 열매처럼 단지 모양으로
생긴 열매의 뚜껑이 열리면
그 안에 아주 작은 씨앗이 100개
정도 들어 있다. 번식 방법도
질경이와 비슷할 것 같다.

9월 21일, 버섯

여름이 지나 가을로 접어들 무렵에 숲에 가면 버섯을 많이 볼
수 있다. 버섯은 정확하게 아는 것이 아니면 야생에서 절대
따먹지 말라고 한다. 종류가 워낙 많고 비슷비슷하게 생겨서
독버섯을 구분하기가 쉽지 않다. 먹을 버섯은 그냥 마트에서
구입하는 게 제일 좋다.

생태계에서 버섯의 역할을 이야기할 때 '자연의 분해자'라는
표현을 흔히 쓴다. 모든 생명체는 언젠가 죽어서 다시 흙으로
돌아가게 되는데 그 과정을 돕는 게 분해자의 역할이다. 큰
동물이나 나무가 죽으면 작은 동물과 곤충 등에 의해 1차
분해가 일어나고, 지렁이와 공벌레 같은 미소동물에 의해
2차로 분해되며, 마지막으로 버섯과 같은 균류에 의해 3차
분해가 된다. 만약 숲에 버섯이 없다면 멧돼지, 소나무는 물론
작은 새나 곤충의 사체가 썩지 않고 그대로 쌓여 있을 것이다.

이들 분해자의 역할로 죽은 생명은 흙으로 되돌아갈 수 있다.
죽는다는 것은 어찌 보면 새로 태어나는 것이다. 겉모습은
다르지만 결국 구성하는 물질이 같기 때문이다. 숲에서 죽은
나무를 보면 고마워하자. 그 덕분에 새로 하늘이 열리고 그
공간으로 햇빛이 쏟아져 많은 식물이 자랄 수 있게 된다.

나무가 썩으면 곤충이 찾아와 그 안에 알을 낳고 애벌레들이
깨어나 나무속을 파먹으며 살아간다. 애벌레와 곤충을

잡아먹기 위해 딱따구리도 날아오고 개구리와 뱀도 찾아온다. 죽은 나무 하나로 인해 숲의 생태계가 굴러가는 것이다.

나무가 다 분해되어 흙이 되면 또 다른 식물을 키워 내는 거름이 된다. 그렇게 숲의 생태계는 지속된다. 아주 오랜 세월 반복되어 온 이 거대한 생명의 흐름에 우리 인간도 속해 있다.

○ 서울

9월 23일, 청설모의 흔적

바닥에 솔방울이 많이 떨어져 있다. 그중에 아직 덜 익은 푸른
솔방울도 보이고, 인편은 마구 흩어져 있고, 누군가 씨앗을
파먹었는지 새우튀김 같이 생긴 솔방울 심만 덩그러니
버려져 있다. 범인이 누굴까? 바로 청설모(청서)다. 도토리도
호두도 잣도 아직은 덜 익은 계절이다.

흔히 다람쥐와 청설모는 도토리를 먹는다고 알려져 있지만
그게 유일한 먹이는 아니다. 도토리만 먹고 산다면 도토리가
익지 않은 나머지 기간엔 어떻게 살 수 있겠나? 생각해 보면

너무 당연한 결론이다. 다람쥐와 청설모는 도토리 말고도
많은 열매들—곤충, 겨울눈, 꽃을 먹는다. 이 시기엔 이렇게
덜 익은 솔방울도 까서 먹는다. 우리가 보기엔 먹자할 것도
없어 보이지만 청설모에겐 소나무 씨앗(솔씨)이 좋은 먹이다.
이 시기엔 달리 먹을 것도 많지 않거니와 더 늦으면 솔씨가
날아가 버리니 그 전에 먹어야 한다.

길을 걷다가 바닥에서 이렇게 흐트러진 솔방울을 보게
된다면 '아, 우리 동네에 청설모가 사는구나.'라고 생각하면
된다. 모든 생명체는 흔적을 남긴다. 흔적을 보고 그것의 존재
여부를 유추하는 것은 깊은 사고력이다. 사고가 깊어지면
눈앞의 풍경이 달리 보이고 세상이 풍성해진다. 풍성한
세상은 삶을 가득 채워 주니 장수하는 것과 다름이 없다.

9월 24일, 가죽나무 열매

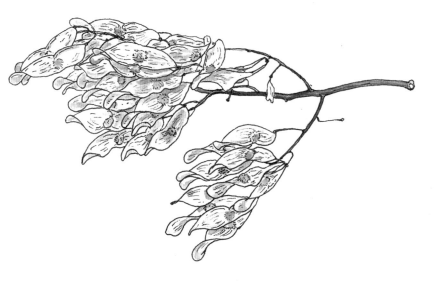

비슷하게 생긴 참죽나무에 빗대 잎을 먹지 못하는 '가짜
죽나무'라고 이름을 붙인 것이 가죽나무다. 처음 보곤
외래종인 줄 알았는데 알아보니 오랜 세월 우리와 함께
살아온 나무였다.

목재도 쓸 데 없고 열매도 못 먹는다고 이 나무의 무용함을
말하는 사람들이 있었다. 그러나 장자는 "나무 그늘 아래 쉴
수 있으니 좋지 않은가?"라며 쓸모없다고 마구 베어지지 않고
숲을 지키는 나무들의 고마움에 대해 말한 바 있다.*

도종환 시인도 〈가죽나무〉라는 시에서 '새 한 마리 쉬어가면 좋은 삶'이라고 나무의 존재 자체를 예찬했다.

모든 생명은 의미가 있다. 가죽나무 잎을 먹는 곤충도 아주 많다. 그 '쓸모'라는 것을 너무 인간 중심적으로 편협하게 보지 말고 전체 생태계에 끼치는 유용함까지 살필 수 있어야 하지 않을까?

가죽나무는 특히 열매가 아름답다. 남산을 산책하다 바닥에 떨어진 가죽나무 열매 다발을 하나 주워 왔다. 보통 7~8월에 바닥에 많이 떨어져 있는데, 내가 주운 것은 시간이 지나 색깔이 좀 바랜 상태였다. 이 열매를 볼 때마다 정말 멋지다는 생각을 한다. 날개를 단 열매가 바람을 타고 회전하며 떨어지는 모습이 멋있어서 계속 공중에 던져 보게 된다.

가죽나무 열매는 길쭉한 타원형인데 끝부분에 한 번 뒤틀림이 있다. 회전력을 키우기 위한 장치 같다. 단풍 열매는 씨앗이 아래로 향하며 빙글빙글 돌아서 떨어지는 반면, 가죽나무는 옆으로 수평인 상태에서 몸통 자체가 회전을 하며 날린다. 그렇게 바람을 탄다. 바람이 많이 부는 날엔 정말 공중에 멈춰 있듯이 오래 머문다. 요즘 많이 보이는 드론처럼.

---

*   장자의 〈소요유〉에서 혜자와의 대화 중. 혜자가 집에 있는 가죽나무가 크기만 하지 먹을 수 있는 열매도 열리지 않고 쓸모가 없다고 탓을 하자 장자가 "어찌 들판에 심어 그늘에서 쉴 생각을 하지 않는가?"라며 이야기하는 구절이 있다.

중간에 있는 게 씨앗이다.

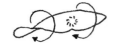

이런 식으로 회전한다.

열매 전체의 무게도 가볍고, 씨앗은 꼭 알약처럼 껍질 중간에 자리를 잡고 있다. 그 양옆으로 날개를 달고 회전력을 강화해서 빙그르르~ 돌며 날아가는 디자인이 너무 놀랍지 않은가! 민들레처럼 솜털을 단 씨앗을 제외하고는, 바람을 이용해 이동하는 씨앗 중에 솔씨와 함께 정말 멀리 날아가는 구조를 지닌 씨앗이라고 여겨진다. 손으로 만지면 부서질 정도로 여리지만 멀리 가기 위해선 이렇게 여리여리하게 만들어야 한다. 힘을 주면 멀리 못 간다. 힘을 최대한 빼야 한다.

○ 남산

9월 30일, 은행잎

보통 은행잎이라고 하면 잎 가운데에 홈이 파인 모양을
떠올린다. 하지만 실제로 밖에서 은행잎을 관찰해 보면
중간이 갈라지지 않은 잎이 훨씬 많다.

은행나무는 가지가 두 종류다. 그중 자라지 않으면서 마디
사이가 아주 짧은 단지^{短枝}에서는 갈라지지 않은 잎이 나오고,
길게 자라면서 마디 사이가 긴 장지^{長枝}에서는 갈라진
잎이 나온다. 장지보다 단지가 훨씬 많기 때문에 갈라지지
않은 잎을 더 많이 볼 수 있다. 그 외에도 맹아지에서 난
잎은 가운데만이 아니라 여러 갈래로 갈라져 있다. 그러니
은행나무 한 그루에 모두 세 종류 잎이 달린다고 볼 수 있다.

사람들은 이 잎들 중에서 가운데가 갈라진 잎을
은행잎이라며 그린다. 실제로는 갈라지지 않은 잎을 더 많이
보면서도 말이다. 누군가 한 번 저 모양으로 은행잎을 그린 뒤
그것이 마치 은행잎의 대표 이미지인 양 각인되었을 것이다.
이를 '전형성'이라고 한다. 조폭은 당연히 몸에 문신이
있다거나 교장 선생님은 안경을 썼다거나 하는, 실제와는
다를 수도 있는 어떤 것을 고정된 이미지로 여기게 되는
것이다.

만화를 그리거나 소설을 쓸 때도 이런 전형성이 자주
등장한다. 짧은 분량에 독자가 빨리 감정이입을 할 수 있도록

유도하는 장치인 셈인데, 요즘 만드는 드라마나 영화에서는
이를 많이 무시하는 듯하다. 실제 범죄자의 모습은 일상에서
일반인과 잘 구별되지 않는다는 리얼리티를 그려내는 데 더
충실해졌기 때문이다.

자연 공부를 할 때도 이런 전형성은 전혀 도움이 되지 않는다.
자연은 내 눈으로 직접 보고 기록한 것만 믿는 것이 가장
좋은 학습 방법이다. 아무렇지 않게 머리에 주입시켰던
고정관념이 얼마나 무서운 것인지를, 은행잎을 보며 다시
생각해 보게 된다.

○ 남산

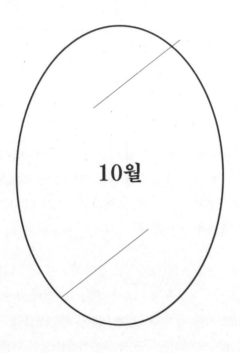

10월

10월 1일, 사과

과일도 식물의 한 형태다. 어쩌면 식물이 번식을 위해 벌였던 노력의 최종 단계라 할 수 있다. 사과는 과일의 대표 주자다. 동서양을 막론하고 사과와 관련된 이야기는 셀 수 없이 많은데, 열매가 크고 맛도 좋아 많은 사람이 좋아했을 것이다.

명절 때라 차례상에 올렸던 사과를 한 알 가져다 그림을 그렸다. 사과는 우리나라에서만 사과沙果라고 부른다. 씹히는 느낌이 사각사각 모래 같아서 '모래 사' 자를 쓰는 듯하다.
사과의 원산지는 카자흐스탄으로 본다. 카자흐스탄의 수도
알마티는 카자흐어로 '사과의 도시'라는 뜻이다.

오늘날 우리가 먹는 과일 사과는 야생종을 여러 차례 개량해
얻은 결과물이다. 야생 사과나무를 가져다 여러 해, 여러
과정을 통해 실험하며 더 맛있고 모양도 좋은 열매를 맺게
한다. 그런데 그 과정에서 특정 병충해에 약한 품종이 나올 수
있다. 야생 나무는 스스로 병충해와 싸워 이겨낼 힘이 있는
반면, 종자를 개량해 단일 경작지에서 재배한 과실나무들은
병충해에 맞설 힘이 약하다. 그래서 농약을 많이 쳐서
기른다. 품종 개발자들은 병충해에도 강한 좋은 사과를 얻기
위해 야생 사과나무가 자라는 카자흐스탄으로 가서 연구를
거듭하지만, 이런 식의 품종 개량을 계속하다가는 언젠가
원산지에 가서도 아무것도 얻어오지 못하게 될 때가 올
것이다.

과일이든 식물이든 특정 품종만 사랑하게 되면 시장도
그렇게 움직인다. 크고 예쁜 것만이 아니라 작고 못생긴 것도
좋아하는 다양한 기호와 시각이 필요하다. 문화적 다양성을
잃으면 자본주의는 결국 돈이 되는 방향으로만 흘러가게
된다. 농가에서는 돈이 되는 한 가지 작물이나 과실나무를
집중 생산해 효율성을 높이고, 결국 이런 단일경작 문제에서
생태계 파괴가 비롯되는 경우가 많다.

○ 임실 시골집

沙果. 과육에 가루 같은
느낌이 있어서
'모래 사' 자를 쓰나 보다.

수술의 흔적

실제 씨앗의 크기

꽃자루가 열매 자루가
된다.

꽃받침 혼적

꽃받침 흔적

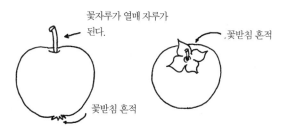

사과는 화탁(꽃턱)과 꽃받침통이 합쳐져서 된 과일이다.
어찌 보면 가짜 과일이라고 할 수 있다. 주변에서 우리가
먹는 열매 중에 이런 것이 꽤 많다.

10월 2일, 개나리 열매

익으면 갈라지는 열매 안에
깨알 같은 씨앗이 들어 있다.

"개나리 열매를 본 적이 있나요?" 하고 물어보면 대부분은
"어? 개나리도 열매가 있어요?"라고 되묻는다. 개나리도
종자식물이니까 당연히 열매가 있다. 그런데 본 사람이 많지
않다. 열매 맺기가 어려운 나무이기 때문이다.

나무들은 보통 암나무와 수나무로 구분되어 자라거나
암수한그루에서 암꽃과 수꽃이 따로 피거나, 아니면 암꽃과
수꽃의 구분 없이 한 꽃에서 암술과 수술을 같이 지닌다.

개나리는 한 꽃에 암술과 수술이 같이 있는 구조이긴 한데
특이하게도 어느 나무는 암술이 긴 꽃(장주화, 長柱花)만 피고
어느 나무는 수술이 긴 꽃(단주화, 短柱花)만 핀다. 문제는 이 두
꽃이 함께 있어야 꽃가루받이가 된다는 것이다.

 그런데 개나리는 꺾꽂이로도 쉽게 번식이 가능해서 우리
주변에서 보이는 조경수들은 그렇게 자란 것이 많다.
말하자면 특정한 한 나무에서 비롯된 동일 유전자의
후손들이 총총히 모여 심어져 있는 경우가 많다. 그러다 보니
어느 지역엔 장주화만 피고 또 어느 지역엔 단주화만 피게
되어 꽃가루받이가 쉽지 않다. 다행히도 내 경험상 개나리가
많은 곳을 관찰하면 꼭 열매를 발견하긴 했다. 처음엔 너무
희귀한 것을 보아 "유레카~" 하고 외쳤지만 생각보다 자주
관찰되는 것 같다. 사람에 의해 인위적으로 너무 많이 퍼져
버린 개나리가 스스로 종자를 만들어 번식하는 법을 아예
잊은 것은 아닌가 걱정했지만, 그래도 자연은 어떻게든
해결책을 찾아내는 것 같다.

아직도 개나리 열매를 본 적 없는 사람이 많을 것이다. 봄에
개나리 노란 꽃이 필 때 그 위치를 기억해 두었다가 여름부터
다시 관찰해 보면 초록 잎들 속에서 새 부리처럼 뾰족하게
생긴 열매를 볼 수 있다. 발견하고 나면 친구에게 "너 개나리
열매 본 적 있어?" 하고 잘난 체를 해볼 만하다.

○ 서대문 안산

10월 3일, 솔방울 습도계

비가 내린 다음 날 남산에 올랐다. 걷다 보니 발아래
솔방울들이 보인다. 간밤에 내린 비로 솔방울들이 원래
모습으로 돌아가 있었다. 솔방울은 비를 맞으면 덜 익었던
1년생 때의 모습으로 돌아간다. 아직 떨어지지 않고 나무에
매달려 있는 솔방울들도 비를 맞으면 오므라든다.

솔방울은 익으면서 건조가 되고, 다 마르면 열매 사이사이에
틈이 생겨 그 속에 꼭꼭 숨어 있던 씨앗들이 나와서
날아간다. 그런데 다시 비가 와서 습기가 제공되면 솔방울이
오므라든다. 어느 나라나 지방에 막 도착했을 때 길바닥의
솔방울이 오므라들어 있다면 '얼마 전에 비가 왔구나.'
하고 추측하면 틀림없다. 이런 특성을 이용해 솔방울을
천연 가습기로 사용하는 사람도 있다. 숲 바닥에서 주워 온
솔방울을 물에 담가 오므라들게 한 뒤 방에 들여 놓으면
솔방울이 천천히 건조되면서 방 안에 습기를 제공한다. 다
마르면 다시 물을 적셔 두면 된다.

솔방울은 습도에 민감해야 대대로 살아남을 수 있다. 아직
익지 않았을 땐 몸을 꽉 오므린 채 씨앗을 품고 있다가 다
익으면 몸을 열고 씨앗을 건조시켜 먼 여행을 떠나보낸다.
그것이 소나무가 지금까지 대대로 이어 온 생존의 길이다.

○ 남산

10월 4일, 은행

슬슬 은행 열매들이 익어서 떨어지는 계절이다. 땅에 떨어진
은행 열매에서 냄새가 난다고 자기 발에 밟힐까 봐 피해
다니는 사람이 많은데, 알고 보면 은행나무는 수억 년 전부터
그 모습을 지켜 온 놀라운 식물이다. 인류보다 오래된 지구의
주인이란 얘기다.

은행은 '은색 살구'라는 이름 뜻을 지녔다. 살구가 익을 때와
비슷한 색깔로 익어 자연스레 살구를 연상했을 듯하다.
그렇다면 '은색'은 무얼 의미할까? 열매 표면에 은분을 묻힌
듯 바랜 느낌이 나서인지, 씨앗 색깔이 살구보다 하얘서인지
알 수 없다. 내 생각엔 아마도 씨앗 색깔 때문일 것 같다.

은행나무는 꽃도 특이하다. 수꽃은 아주 작은 바나나처럼
생긴 꽃가루 주머니를 주렁주렁 매달고 있다. 암꽃은 망치
같은 모양으로 보통 양쪽에 두 개 달려 있는데, 수분이 되면
그대로 자라서 은행이 된다. 암꽃 두 개가 모두 수분되면
열매도 양쪽에 달리고, 하나만 수분되면 한 개만 달린다. 길을
걷다 은행 열매가 바닥에 떨어져 있거든, 냄새를 좀 참으면서
수분되지 않은 꽃을 찾아보는 것도 재밌을 것이다.

○ 임실 시골집

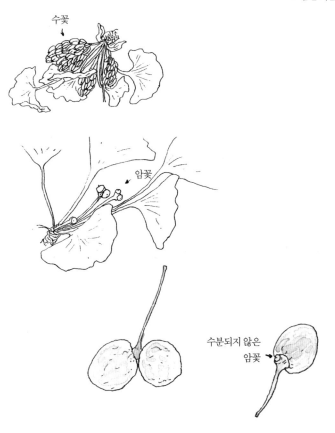

수꽃

암꽃

수분되지 않은
암꽃

10월 6일, 코스모스

가을의 대명사로 국화나 코스모스를 떠올리는 이들이 많다. 코스모스도 국화과 식물이니 국화로 봐도 무방하겠다. 곧 겨울이 닥칠 텐데 이제 꽃을 피워 언제 씨앗을 만들고 번식을 하나 걱정이 될 법한데, 나무와 달리 풀은 가을에 꽃이 피는 종류가 많다. 나무에 비해 생애 주기가 짧고 씨앗도 작아서 한두 달이면 충분히 결실을 맺는다. 그렇게 만든 씨앗으로 내년을 기약한다. 풀은 어차피 내년 봄에 새싹을 낼 씨앗을 장만하기만 하면 되니, 꽃이야 봄에 피건 여름에 피건 가을에 피건 상관없다. 각자 선택한 계절에 피어나면 되지 남들보다 빠르네 늦네 하며 비교할 일이 아니다.

길에서 코스모스를 만나거든 꼭 다가가서 꽃을 자세히 들여다보길 권한다. 식물 용어로 혀꽃(설상화)이라고 부르는, 바깥에 여덟 장이 빙 돌아서 난 꽃잎도 예쁘지만 그 안에 오밀조밀 모여 있는 작은 대롱꽃(관상화)도 신기하다. 꽃이 딱 별 모양이다. 꽃 안에 많은 별들이 숨어 있다. 그 이유로 코스모스(cosmos, 우주)라는 이름을 갖게 되었다고도 하는데 기원이 정확하지는 않다. 하지만 나더러 이름을 붙이래도 역시 '별꽃' 또는 '하늘꽃'이라고 했을 것 같다.

자연을 대하는 태도로 가장 바람직한 것은 무엇일까? 관심과 사랑? 보호? 공부? 여러 가지를 말할 수 있겠지만 내게 묻는다면 '자세히 들여다보기'라고 답하겠다. 다른 말로

'관찰'이다. 관찰을 하다 보면 반드시 새로운 사실을 알게
된다. 그것을 알아가는 게 공부고. 관찰을 통해 매일매일
새로운 사실이 축적되면서 내가 만들어진다.

관찰력은 육안만이 아니라 내면의 눈도 깊이 있게 만든다.
자연뿐 아니라 세상의 모든 것을 '자세히 들여다보는'
자세로 대한다면 자신이 무엇을 좋아하는지, 무엇을 원하는
사람인지를 분명히 알게 될 것이다. 결국 행복이란 남이 내게
선물하는 게 아니다. 저마다의 마음속에서 자라는 씨앗이다.
다른 이와 비교할 이유가 하나도 없다.

○ 임실 시골집

10월 10일, 마가목 열매

일 때문에 파주에 갔다. 가을이라 길가 나무들에 단풍이 들기
시작하고 열매도 익어간다. 마가목은 '풀 중에는 산삼, 나무
중엔 마가목'이라고 말할 정도로 약효가 좋은 나무다. 겨울눈
모양 혹은 싹이 나오는 모양이 말의 이빨을 닮았다고 해서
'마아목馬牙木', 거기서 변천해 지금의 마가목이 됐다고 하는데
잘 믿기지 않는 유래라 다른 이유를 더 찾아보고 있다.

열매라는 단어를 생각하면 가장 먼저 떠오르는 색깔이
빨간색이다. 다른 색 열매도 많은데 왠지 열매는 빨갛게
익는 게 가장 자연스러워 보인다. 식물은 꽃으로 곤충을
불러들여 꽃가루받이를 하고, 거기서 열매가 만들어지면 다시
한 번 씨앗을 멀리 보내기 위해 남의 도움을 받는다. 특히
빨간색으로 익어가는 열매는 새를 겨냥한 것이라 알려져
있다. 그렇다면 왜 빨간색일까? 예전엔 새가 빨간색을 더
잘 보는 줄 알았다. 지금은 그렇지 않다는 것을 안다. 새는
모든 색을 잘 본다. 그렇다면 왜 빨간색이 새를 겨냥했다는
것일까? 다른 동물들이 빨간색을 잘 구분하지 못하기
때문이다.

식물이 자기 열매의 이동을 돕는 적임자로 새를 선택한
데도 합당한 이유가 있다. 새는 열매를 씹어 먹지 않는다.
그래서 씨앗이 새의 위 속에까지 안전하게 들어갈 수 있다.
열매를 먹은 새는 과육만 소화하고 씨앗은 배설해 버린다.

이때 위산에 의해 씨앗의 겉껍질이 약해지면서 발아
확률을 높인다. 여러모로 식물에게 새는 안전하고 효율적인
조력자다.

사람들은 흔히 새가 빨간 열매를 선택한 줄 알지만 뒤집어
생각하면 식물이 새를 선택한 것이라고 볼 수 있다. 세상에
어떤 관계가 일방적으로 가능할까? 한 방향으로 이유 없이
맺어진 관계는 없다.

○ 파주출판단지에서

별 모양의 꽃받침 흔적

쪼개 보니 작은 사과 같다.
맛은 흔히 보는 빨간 열매들과 비슷하다.
찔레 열매의 맛도 비슷했다.

씨앗은 6개가 들어 있다.

10월 16일, 새똥

몇 년 전 지인에게서 얻은 나무 묘목을 이름도 모르고 전주 집에 가져다 심었는데 무럭무럭 자라서 보니 헛개나무였다. 정원수로는 적합하지 않아 뽑아 버릴까 하다가 한 번 심은 것을 다시 뽑기도 뭣해 그냥 두었는데 생장이 정말 빨라서 4년 만에 이층 지붕을 넘기도록 자랐다. 그러더니 꽃도 피고 열매도 맺었다.

열매가 생기기 전에도 새는 나무에 날아와 앉아서 쉬다 가곤 했지만 열매가 달리기 시작하니 정말 많은 새가 찾아왔다. 새를 보려거든 나무를 심으라는 말이 있는데 그 말이 딱 맞았다. 그러던 어느 날, 헛개나무 아래 고욤나무 잎에 새똥이 묻어 있는 것을 보고 퍼뜩 다른 생각이 떠올랐다. '새가 많이 오니 새똥도 많겠구나. 그렇다면?' 하고 헛개나무 아래를 유심히 살펴보니 굉장한 일이 벌어지고 있었다. 헛개나무 어린 개체뿐 아니라 뽕나무, 담쟁이, 회화나무도 자라고, 특히 내가 정말 심고 싶었던 인동, 호랑가시나무도 자라고 있었다. 모두 새가 심은 나무들이다.

식물에게 새는 씨앗의 이동과 확산을 도와주는 전파자로 아주 매력적인 존재다. 빨간색 열매를 잘 알아보고, 이빨이 없어서 통째로 삼키는 데다 몸무게를 가볍게 하기 위해 씨앗을 바로 배설해 버리니 식물의 번식 확률을 높이기에 더없이 좋은 조건이다.

새를 보고 싶으면 새가 좋아하는 열매를 맺는 나무를 심으면 된다. 그런데 새가 많이 오니 배설도 많이 해서 그 나무 주변으로 다른 식물도 많이 자란다. 큰 나무 한 그루는 작은 숲을 키울 수 있다. 커다란 나무 하나가 다양한 식생을 만들어 낸다. 이렇게 만들어진 작은 숲은 여러 생명체가 어울려 사는 공간이 된다. 큰 인물 하나가 얼마나 많은 아이들에게 선한 영향력을 전파할 수 있는지를 연결해 생각해 보게 된다.

○ 전주 집

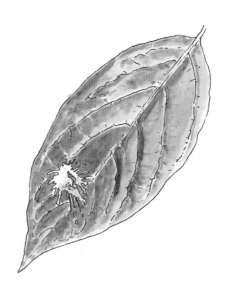

10월 18일, 괭이밥

토끼풀과 닮아서 종종 오해를 사지만 그보다 작고 색깔도
연하고 잎도 얇고 전체적으로 더 귀엽다. 잎은 토끼풀과
비슷해 보여도 꽃과 열매는 전혀 다르게 생겼다. 노란색
통꽃이 마치 다섯 갈래 꽃잎처럼 갈라져 피고, 열매는 콩
같은 길쭉한 꼬투리 안에 동그란 씨앗을 여럿 모아 두고
있다. 콩처럼 꼬투리가 터지면서 씨앗이 멀리 퍼지고, 씨앗엔
제비꽃처럼 엘라이오좀 성분이 있어서 이차적으로 개미의
도움을 받아 더 멀리 이동한다.

잎을 따 먹으면 신맛이 난다. 어릴 땐 이 맛이 좋아서
괭이밥을 보면 무조건 입에 넣었다. 신맛 나는 젤리를
좋아하는 아이들처럼, 그 시절 좋아할 맛이었던 것 같다.
자연에서 식물을 따 먹는 건 인류에게 너무도 자연스러운
활동이었다. 지금도 들과 산을 거닐다 식물의 맛을 보면 원시
시대로 돌아간 듯한 착각에 빠진다. 머릿속으로 광합성의
원리를 이해하고 나무의 소중함을 아는 것도 좋지만, 자연은
확실히 이렇게 직접 만지고 냄새 맡고 먹어보며 오감으로
체험하는 것이 중요하다고 느낀다. 그중에서도 제일 적극적인
행위가 먹는 것이다.

요즘은 그나마 맘 놓고 먹을 수 있는 풀이 괭이밥 정도다.
다른 풀들은 밍밍하거나 쓴맛 나는 게 많다. 애기수영, 머루
잎 등 신맛 나는 것이 더 있지만 도시에서 만나기는 쉽지
않다. 진부하게 '라떼는' 타령을 하긴 싫지만 내가 어릴 때는
자연에서 뭔가 먹는 것도 놀이의 하나였다. 아이들은 그렇게
자연을 만나는 게 가장 좋다. 지금도 아무 데서나 괭이밥을
보면 뜯어서 입에 넣어 보는데, 그러면 저절로 어린 시절에
괭이밥을 처음 뜯어 먹었던 장독대 옆 자리가 생각난다.
타임머신이 따로 없다. 누구에게나 자연에 이런 타임머신 한
대쯤 있으면 좋지 아니한가?

○ 서울

10월 19일, 명아주

초등학교 자연 수업 시간에 수없이 등장했던 풀이다.
이름은 명아주. 쌍떡잎식물의 대표 선수. 그와 비교하던
외떡잎식물의 대표는 강아지풀이었다. 왜일까? 전국
어디서나 흔히 볼 수 있는 풀이기 때문이다.

명아주는 청려장靑藜杖이라는 지팡이를 만드는 나무로
유명하다. 과거에 왕들이 장수하는 노인과 나이 많은
신하들에게 하사하던 물건이라는데, 요즘은 보건복지부에서
100세를 맞이한 분들께 '노인의 날' 선물로 드린다. 궁금한
것은, 명아주는 풀이라 줄기가 약할 텐데 어떻게 지팡이를
만들 수 있느냐는 것이다. 나는 가끔 어깨가 결릴 때 집에
있는 물음표 모양으로 생긴 나무안마기 같은 걸로 어깨를
꾹꾹 당기며 눌러주곤 하는데, 알고 보니 그것도 명아주로
만든 것이라고 한다. 어떻게 풀이 이렇게 단단하고 질길 수가
있을까? 바로 '리그닌'이라는 물질 때문이다.

리그닌은 풀보다 나무줄기에 주로 있는 고분자 화합물로
그 덕분에 단단한 목질이 형성된다. 가끔 풀에서도 리그닌
성분이 관찰된다. 예를 들어 시골에서 고추 농사를 돕다
보면 고춧대가 정말 나무처럼 단단하다는 것을 알 수 있다.
명아주도 다 자라면 줄기가 단단해져서 나무의 목질에
비견할 만하다. 나무처럼 리그닌이 너무 많지도 않고
그렇다고 전혀 없지도 않게 적당해서 부러지지 않고 질긴,

그렇지만 가벼운 지팡이가 될 수 있는 것 같다.

그 명아주가 가을을 맞아 잎에 단풍이 들기 시작했다. 단풍은
나무에만 드는 줄 알았는데, 생각해 보면 풀도 식물이니
단풍이 드는 게 맞다. 광합성을 멈춘 잎들에 단풍이 든다.
나무처럼 떨켜가 발달하지 않아서 잎이 뚝 하고 떨어지지는
않겠지만 식물의 잎에 단풍이 드는 건 자연스러운 일이다.
때론 정말 당연한데도 생각하지 못하는 것들이 있다.

풀도 단풍이 든다.

○ 서울

10월 19일, 복자기 열매

아이들 몇을 데리고 자연관찰 수업을 하러 식물원 쪽으로
갔다. 눈앞에 복자기 한 그루가 서 있다. 밑에서 올려다보니
털이 복슬복슬한 열매가 주렁주렁 매달린 게 보였다.
아이들이 한 개 따 달라고 한다. 복자기 열매 하나를 따서
반으로 쪼개 날려 보라고 주었더니 신나게들 날리며 논다.
그만하라고 할 때까지 정신없이 날린다.

단풍나무 종류는 열매가 참 신기하게 생겼다. 복자기도
단풍나무과다. 열매에 마치 곤충처럼 날개를 만들었는데, 두
장짜리 날개 때문에 매미 같아 보이기도 한다. 곤충 날개에는
'시맥翅脈'이라고 하는 그물무늬 기관이 얇게 퍼져 있다. 단풍

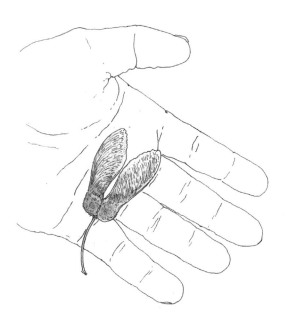

씨앗도 비슷한 무늬를 만든다. 잎이 변해 꽃이 되고 꽃이
열매가 된 것이니, 원래는 잎맥이었을지도 모르겠다. 그래도
그 모양이 참 신기하다. 복자기 열매는 서로 마주보는 날개의
맥이 이어지면서 하나의 동심원을 그리는 듯하다.

스스로 이동할 수 없는 식물은 씨앗을 가능한 한 멀리 보내기
위해 다양한 방식을 고안한다. 저마다 목적에 맞게 몸을
디자인한 방법들이 신비롭다. 우리도 멋지게 살기 위해서는
자기 삶을 스스로 설계할 수 있어야 한다. 겉모습만이 아니라
삶 전체를 디자인하는 지혜가 필요하다.

○ 경기도 안산

10월 27일, 감

전주 집에 먼저 살던 사람이 커다란 감나무를 기르다가 집을 팔면서 베어낸 모양이다. 이사 올 때 마당에 그루터기만 남아 있었다. 집을 새로 지으며 그것마저 캐어 버려서 감나무를 새로 심고 싶었다. 한국사람 집에는 왠지 감나무 한 그루가 잘 어울린다고 생각한다.

감나무는 가지가 뻗으며 곡선으로 흘러가는 맛이 좋고, 무엇보다 감이 열리면 맛있게 먹을 수 있고, 몇 개 남겨서 새들에게 먹이로 주는 여유도 부릴 수 있다.
한자 '달 감♯'에서 유래했다는 감은 이름에서부터 '달다'는 뜻을 품고 있다. 그 단맛이 사람들에게 주는 기쁨이 크다. 여러모로 매력 있는 나무다.

대봉시가 열리는 나무를 사다 집에 심었는데 첫 해라 그런지 몸살을 앓았다. 꽃이 잔뜩 피었다가 다 떨어지고 몇 송이만 남아서 감을 만드는가 싶더니 비가 와서는 그마저도 낙과가 되어 갔다. 어느 늦은 여름날에 보니 감이 한 개만 달려 있었다. 옛날 양반댁 외아들처럼 귀하디귀한 감이다. 제발 너는 떨어지지 말고 끝까지 살아남아 첫 감을 먹을 수 있게 해다오.

가을이 깊어진 지금, 감은 아직 떨어지지 않고 나무에 단단히 매달려 슬슬 주황색으로 익어 가고 있다. 기특하고도 기특하다. 나무 한 그루에 맺힌 열매 하나도 이리 귀한데 반려동물을 기르는 사람들의 마음은 어떨까? 자식을 기르는 이들은 얼마나 애지중지하게 될까? 오래전 사슴벌레 한 마리를 키우다가 명을 다하고 죽은 것을 경험한 뒤로 평생 반려동물은 안 키우겠다고 결심했다. 상대적으로 손이 덜 가고 마음 편한 식물을 택했음에도 이 또한 지켜보기가 쉽지 않다. 내 곁에 생명이라는 것은 참으로 소중하고도 애가 타는 존재가 아닌가. 어쩌면 그 애타는 마음으로 인해 사랑스러움이 더 커지는 것인지도 모른다.

○ 전주 집

10월 30일, 산철쭉

흔히 동네 화단에 심은 철쭉은 '산철쭉'이다. 진짜 우리 토종인 '철쭉'은 산에 있다. 산철쭉은 도심 화단에, 철쭉은 산에? 이름만 들으면 뭔가 바뀐 것 같지만, 고산지대에 잘 적응해 살던 산철쭉이라 도심에서도 잘 자라서 조경수로 많이 심게 되었다고 한다.

그런 산철쭉도 봄에 꽃을 피워야 정상인데 이 늦은 가을에 꽃 한 송이가 피었다. 종종 개나리도 봄 아닌 늦가을에 필 때가 있는데 이런 꽃을 볼 때면 사람들은 "미친 개나리" "미친 철쭉"이라며 함부로 말들을 한다. 꽃이 정말 미친 걸까?

꽃이 피는 건 기온과 일조시간에 의해 결정된다. 식물 몸에 기억된 적정 온도와 일조시간이 딱 맞아떨어질 때 피어나도록 설계되어 있다. 그런데 가을에 한 번쯤, 개나리와 산철쭉 꽃이 피는 봄과 같은 조건이 찾아온다. 아주 잠깐이지만 이럴 때 부지런한 녀석들이 꽃을 피우는 것이다. 미쳤다기보다 착각이나 실수라고 할 수 있다.

사람들은 실수하는 것을 좋지 않게 생각한다. 하지만 가만 생각하면 실수는 우리 인생살이에 늘 벌어지는, 변수가 아닌 정수다. 세상을 혁신한 위대한 발명도 사실은 실수에서 비롯된 경우가 많았다. 유전자는 실수로 돌연변이를 만들고 그 돌연변이에 의해 생명체의 진화가 일어난다.

자연은 언제 어떻게 변할지 모르는 세상에 대비해 약간씩 실수를 해서 돌연변이를 만든다고 한다. 세상은 쉽게 변하지

않지만 언젠가는 변할 것이고, 그 변화에 적응하기 위한
준비를 해둘 필요가 있다. 전에 없던 새로운 디자인을 찾으려
애쓰기보다 미리 조금씩 디자인을 바꾸는 실험을 하다 보면
그중에 변화에 잘 적응할 모델이 나올 수도 있다. 자연은
그렇게 끊임없이 작은 실수를 일으키며 변화에 대비한다.

과거의 수많은 실수가 지금의 위대한 순간을 만들었듯,
앞으로의 세계도 오늘의 실수가 만들게 될지 모를 일이다.
그러니 실수를 너무 두려워하지 말자.

○ 서울

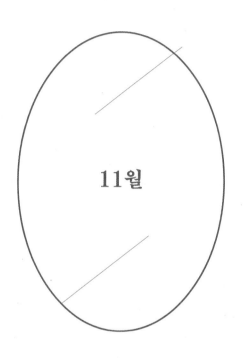

11월

11월 2일, 느티나무 열매

느티나무는 우리에게 꽤 친숙한 나무다. 식물을 잘 모르는
사람도 사과나무, 배나무, 소나무 알듯이 느티나무 정도는
알고 있다. 목질이 단단하고 깎았을 때 무늬도 아름다워
건축물과 가구, 다양한 목공 재료로 널리 사용되며 나무의
수명이 길어 예부터 마을 정자나무로 즐겨 심었다.

이렇게 우리 가까이에서 사는 나무인데 잎 모양을 자세히
들여다본 이는 드물 것이다. 느티나무 잎은 주맥을
중심으로 좌우 형태가 비대칭이다. 더욱이 "느티나무 꽃을
본 적 있나요? 열매는요?" 하고 물으면 대부분 갸우뚱하며
"느티나무도 꽃이 피나요?" 하고 반문한다. 나무 중에 꽃이 안
피는 게 있을까?

소나무도 꽃을 알아보는 사람은 적지만 꽃이 핀다는 건
대부분 안다. '꽃가루(송화가루)가 날린다'고 말하고, 솔방울은
소나무 암꽃이 변해서 생긴 열매다. 당연히 느티나무에도
꽃이 있고 열매가 열리는데 눈에 잘 안 띄기 때문에 맘먹고
자연 공부 하는 사람 외엔 그걸 보았다는 사람이 드물다.

느티나무의 생태 활동 중에 가장 놀라운 것은 번식 방법이다.
느티나무 열매는 크기와 모양이 꼭 메밀 같다. 이런 열매는
어떻게 번식해야 할까? 열매에 날개나 솜털이 있으면 바람을
타고 이동하고, 갈고리나 끈끈한 것이 있으면 동물의 털에

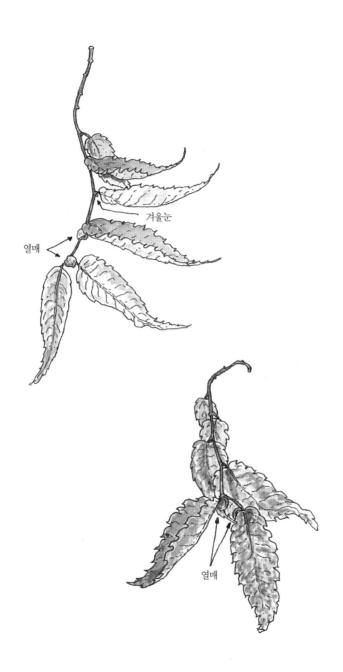

겨울눈

열매

열매

붙어서 가고, 맛좋은 과육을 가졌다면 동물이 먹고 배설해서
번식을 도울 것이다. 봉숭아나 콩처럼 열매 꼬투리가 있으면
그것이 터지면서 씨앗이 튀어나갈 수도 있을 텐데, 이건
이도저도 아니게 생겼으니 어떻게 번식을 하란 말인가?

답은 가까이에 있었다. 느티나무는 번식을 위해 굳이
열매 모양을 새로 디자인하지 않고 자신이 가진 이파리를
이용해서 열매를 날린다. 느티나무는 열매가 달린 가지가
다른 가지에 비해 가늘고 약하다. 바람이 불 때 이 약한
가지를 똑 부러뜨려 바람에 날려 보낸다. 그 가지에 대여섯
장의 잎이 달려 있다가 함께 날아간다. 늦가을 바람이 많이
부는 날에 느티나무 밑에 서 있으면, 나무에서 하나둘씩
떨어져 뱅그르르 돌며 날아가는 가지들을 볼 수 있다.

하고자 하는 일을 위해 너무 멀리서
답을 찾으려 하지 말자. 바로 내
안에 답이 있을 수 있다.

○ 경희궁

11월 4일, 모과

전주 집에 심은 모과나무에서 첫 모과를 수확했다. 여름에
꽃은 엄청 많이 피었는데 비에 모두 떨어져 열매를 몇 개밖에
못 얻었다.

흔히 못생긴 것을 표현할 때 '모과를 닮았다'고 한다. 열매가
울퉁불퉁하게 생겨서다. 이와 관련해 모과를 보고 네 번
혹은 다섯 번 놀란다는 우스갯소리가 만들어졌다. 첫눈엔
꽃이 너무 아름다워서 놀라고, 두 번째는 꽃은 예쁜데 열매가
못생겨서 놀라고, 세 번째는 열매는 못생겼는데 향이 좋아
놀라고, 네 번째는 향이 좋아서 베어 물었더니 맛이 없어
놀라고, 맨 마지막으로 그 맛없는 열매를 모과차로 만들어
먹으니 너무 맛있어서 놀란다는 것이다. 놀란다는 말을

칭찬처럼 썼지만 모두 모과의 겉모습에 대한 선입견에서
비롯된 감정들이다.

우리는 어떤 것을 배우거나 새로운 사람을 만날 때 선입견
없이 대상을 있는 그대로 받아들일 수 있어야 한다. 물론
잘 안 된다. 인생 경험이 쌓일수록 이런 선입견은 왜 또 잘
들어맞는지, 첫 만남부터 기분이 '쎄했던' 사람과는 나중에
꼭 틀어지고 만다. 그러니 선입견을 쉽게 떨쳐버릴 수가
없다고들 말한다. 그런데 그게 정말 선입견이 들어맞은
결과일까? 안 좋았던 첫 느낌에 내 감정이 계속 맞춰 간 건
아닐까? 후자일 가능성이 높다.

사람의 생각은 잘 변하지 않는다. 오히려 시간이 갈수록 자기
생각을 강화하고 증명해 보이고자 한다. 생각을 한 번 굳히면
그 뒤에 받아들이는 정보도 거기에 짜맞춰진다. 좁아진
시각으로 사건을 받아들이며 계속 안 좋은 부분만 본다.
그래서 늘 긍정적으로 생각하라는 격언이 있는 것이다.

모과 향이 좋으면 맛도 좋으리란 생각은 착각이다. 그런
기대감 없이 맛을 보면 놀랄 것도 없다. 열매를 처음 베어
물었을 때의 떫은맛이 꼭 나쁜 게 아닐 수 있다. 유연한
역발상이 필요하다. 우리가 배나 사과를 먹을 때 씨앗을 감싼
부분은 달지도 않고 딱딱해서 그냥 버린다. 모과는 그런
부분이 과육 전체를 차지하고 있다고 보면 된다. 그러니
과육을 탐하는 동물이 적고 씨앗이 훼손될 일도 그만큼 적다.
어쩌면 그게 모과의 생존 전략일 수도 있다.

생각을 넓고 유연하게 펼쳐서 보면 세상에 실망할 일이 적다.
기대가 크니 실망도 큰 법이다. 실망을 안겨준 사람에게
서운해 하기보다 너무 큰 기대를 했던 자신을 되돌아보는
편이 낫다.

○ 전주 집

핑크빛 꽃이 피어나고 있다.

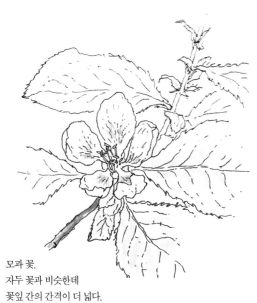

모과 꽃.
자두 꽃과 비슷한데
꽃잎 간의 간격이 더 넓다.
4월 8일.

11월 5일, 단풍

나이를 한 살 한 살 먹으면서 자연스럽게 살이 찌고 잘
빠지지 않는다. 이제는 과거와 같은 생활 패턴으로는 열량
소모가 덜 된다는 생각이 들어 운동 삼아 남산을 자주
오르고 있다. 집에서 멀지 않은 계단을 오르면 남산도서관이
나타나고 거기서부터 본격적인 남산 걷기가 시작된다. 그런데
100개쯤 되는 그 계단을 걷는 게 과거와 달리 힘겹다. 숨이
턱까지 차고 땀도 난다.

'이런 게 세월의 무게구나.' 생각하면서 한숨을 푹 내쉬는데
눈앞에 노랗게 물들어가는 은행나무가 보였다. 가을이
시작되고 있음을 바로 알게 하는 풍경이다. '인생을 나무의
1년으로 치면 나는 지금 저 나무처럼 단풍이 드는 시기일까?
아직은 푸른 잎도 매달려 있으니 젊음도 어느 정도 남아 있는
거겠지? 그래, 정말 나랑 같구나.'

우리는 단풍을 보고 가을이 왔음을 안다. 단풍은 나무가
겨울을 준비하는 과정이다. 낙엽의 전 단계, 즉 잎이 죽어
가는 과정의 시작이 단풍이다. 낙엽이라고 하면 죽음이란
단어가 연상돼 우울해질 수도 있지만, 낙엽은 나뭇잎의 끝이
아니다. 또 다른 삶의 형태다.

단풍이 들기 전 나뭇잎은 세상에서 제 몫으로 주어진
일을 충실히 해냈다. 그럼 되었다. 자꾸 뒷일을, 노후를 더

화려하고 폼 나게 준비하려고 애를 쓰면 과부하가 걸린다.
노후 준비는 재물을 모으는 것이 아니라 신체가 늙어감을,
할일이 줄어듦을, 수입이 적어짐을 받아들이는 것이어야 하지
않을까? 결국 욕망을 줄이는 것이 바람직한 노후 준비 같다.
늙음을 받아들이자. 그간 잘 살았잖아.

○ 남산도서관 앞

11월 6일, 낙엽

목련 잎이 지고 있다. 주워 와서 그려본다. 잎에 아직
푸르스름한 기운이 남아 있는데 조만간 더 마르면서 색도
누렇게 변할 것이다. 지기 전에 나뭇잎은 잎맥을 따라 물을
여기저기로 보내고 양분도 실어 나르는 등 열심히 제 역할을
하며 초록초록한 삶을 살지만, 지고 나면 물기가 싹 빠지고
색도 퇴색해 버린다. 나뭇잎의 마지막이다.

아니다. 사실 마지막이 아니다. 낙엽이라는 새로운 길을 간다.
낙엽은 사람이나 동물의 발, 자동차 바퀴 등에 밟혀 부서지고
빗물이나 눈에 짓뭉개진다. 그리고 지네, 지렁이, 공벌레 같은
작은 동물에 의해 더 잘게 부서진 다음 미생물이나 균류에

251

의해 산산이 분해되어 흙으로 돌아간다. 이 긴 과정에서
낙엽이 발효되며 열이 발생해 수많은 곤충의 안식처가 되어
준다. 많은 곤충이 낙엽 속에 숨어 추운 겨울을 난다. 식물의
새싹도 수분이 잘 보존된 낙엽 밑에 웅크리고 있다가 봄이
되면 살포시 얼굴을 내민다.

보라, 제 할일을 다 마친 것 같던 낙엽이 자연의 회복을 위해
또 얼마나 많은 역할을 하는지. 낙엽은 나뭇잎의 끝이 아니라
새로운 시작이다.

○ 서울

11월 16일, 나무의 상처

남산 계단을 오르는데 중간쯤 이른 자리에 의젓한
신갈나무가 한 그루 서 있다. 커다란 나무에 구멍 같은 상처가
눈길을 끈다. 애초에 길가로 가지를 뻗었을 테고, 통행에
불편을 준다고 그 큰 가지를 싹둑 잘라냈을 것이다. 어느새 그
상처를, 나무가 말끔히 새살을 내어 덮어 버렸다.

이 세상에 상처 없는 생명이 있을까? 숲을 걷다 보면 이파리
어느 한 곳이라도 벌레가 먹거나 썩은 흔적이 없는 풀과
나무를 볼 수 없다. 곤충도 다리나 날개에 조그만 상처 하나
없는 게 없다. 우리 눈에 잘 안 띌 뿐, 자세히 보면 모든
생명체에 상처가 있다. 어떤 이유로 상처가 생겼는지 다 알
수는 없는데, 그 상처를 어떻게 둘 것인가가 문제다.

'나 어제 이런 일 있었는데 너무 속상해.' 하고 자기 상처를 잘
표현하는 사람이 있다. 한두 번은 들어주고 위로의 말도 건네
보지만 끊임없이 위로를 갈구하는 경우가 있다. 상처는 남의
위로로 치유되지 않는다. 위로는 임시방편일 뿐 근본적인
치료법을 찾아야 한다. 가끔 책이나 방송을 보다 위로를
지나치게 강조하는 듯해 불편해질 때가 있다. 현대인이
그만큼 위로를 바란다는 거다. 주변의 위로가 사람들을
힐링시킨다고도 말한다. 과연 그런가? 스스로 깨닫고
변화하지 않는데 치유가 될까?

누군가의 고민을 들어줄 때 대뜸 그의 잘못을 지적하거나
조언을 하는 것은 옳지 않을 수 있다. 하지만 끊임없는
위로의 말 역시 상처를 치유해 주지 못한다. 내 안의 상처는
내가 치유하는 수밖에 없다. 상처를 들여다보면 마음 아프고
결과적으로 흉터도 남겠지만 그런 자기 돌봄 과정을 통해
전보다 더 단단해질 것이다.

○ 남산

11월 30일, 목련 겨울눈

겨울눈은 겨울에만 있는 게 아니다. 사실 봄에 새 줄기가 나올 때부터 이미 조그맣게 자리 잡혀 있다. 여름에 나무가 크면서 겨울눈이 제법 모양을 갖추고 그 상태로 겨울을 난 뒤 새 봄에 거기서 싹이 나온다.

백목련 겨울눈은 털옷을 입고 있다. 옷이 여러 조각으로
나뉘지 않고 통으로 전체를 감싼 형태다. 봄이 되면 한
번에 옷을 벗을 것 같지만 사실은 이미 얇은 옷 하나를
벗은 상태다. 그리고 저 안에 또 다른 털옷이 들어 있다.
이렇게 옷을 모두 네 번은 벗어야 봄에 목련 꽃이 핀다. 마치
파충류나 곤충이 자라면서 탈피하듯, 백목련 겨울눈도 여러
번 옷을 벗으며 새 생명을 키우고 꺼내 놓는다. 집 마당에
백목련이 있어 그 과정을 몇 번이나 보고 알게 된 사실이다.
그렇지 않았다면 나도 겨울눈이 털옷을 한 번만 벗는 줄
알았을 것이다.

무엇이든 가까이서 오래 지켜보아야 잘 알게 된다. 이미 그
사람을 다 안다고 생각하지만 나도 매일 변하는데 그라고 안
변할까? 누굴 잘 알고자 한다면 계속 자주 보는 수밖에 없다.

○ 전주 집

257

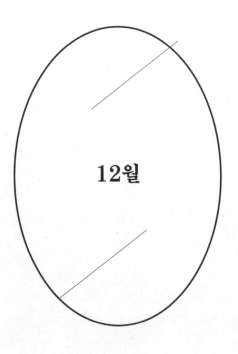

12월

12월 5일, 솔씨의 여행

'순간포착'이라는 말이 있다. 우리 자연에서 놓치지 말고 봐야
할 명장면이 많은데 그중에도 어느 한 순간을 붙잡아서 봐야
할 것이 있다. 머릿속으로만 알고 있던 사실을 직접 눈으로

보면 훨씬 좋은 어느 순간들! 주로 자연의 어떤 현상이나 움직임인데, 예를 들어 느티나무 열매가 잎 뭉치에 붙어서 가지째 날아가는 장면은 직접 눈으로 보지 않으면 이해가 잘 안 된다. 그리고 또, 솔방울에서 솔씨가 빠져나오는 순간이 그렇다.

솔방울이 무르익으면 입을 꽉 다문 듯 다닥다닥 붙어 있던 인편들이 어느 순간에 쩍 하고 벌어진다. 가지에서 이어진 솔방울 아랫부분부터 차례로 인편이 벌어지면서 그 안에 숨어 있던 솔씨가 빠져 나온다. 이때 바람이 살랑 불면 그 바람을 타고 얇은 날개를 가진 솔씨가 날아간다. 인편 하나에 솔씨가 두 개씩 들어 있고 보통 솔방울에 인편이 50개쯤 박혀 있으니, 솔방울 하나에서 씨앗이 100개는 나오는 셈이다. 그 씨앗들이 바람을 타고 어디론가 날아가 자리를 잡으면 다시 소나무로 자랄 것이다.

물론 모든 씨앗이 발아에 성공하지는 않는다. 어쩌면 대부분 실패할지도 모를 그 여행을 떠나는 시작점이, 이렇게 마른 솔방울이 벌어지며 씨앗이 빠져 나오는 순간이다. 이 '순간'을 보는 것만으로도 솔씨의 험난하고 벅찬 여행을 상상할 수 있게 된다.

○ 제주도에서

솔방울 인편이 떨어지며
솔씨가 빠져나오고 있다.

12월 7일, 까마중 열매

곧 한겨울인데 까마중이라니! 까마중은 보통 여름에 열매가
익는데 이 녀석은 지난달 꽃이 피더니 이제 열매를 맺어
까맣게 익어가고 있다. 11월에 꽃 핀 것을 볼 때만 해도 '저거
저렇게 늦게 피어서 제대로 열매라도 맺겠나.' 걱정했는데
이렇게 건강한 열매를 매달았다. 참 기특하다. 늦게 출발해도
제 역할을 다하는 생명들이 있구나.

'늦었다고 생각할 때가 제일 빠른 때'라는 말을 입에 달고
살았는데 정작 그렇게 믿고 실행해 본 일은 없는 것 같다.
남보다 느리게 살면서도 제 역할을 다해 낸 초겨울의
까마중을 보며, 오늘 또 하나를 배운다.

○ 서울 후암동

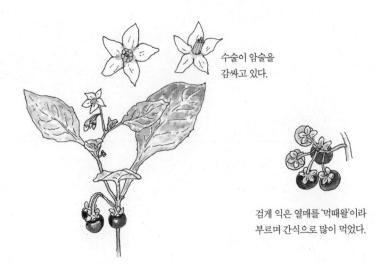

수술이 암술을
감싸고 있다.

검게 익은 열매를 '먹때왈'이라
부르며 간식으로 많이 먹었다.

12월 8일, 갈참나무 잎

이 무렵 겨울 숲에서는
일부 상록수를 제외하고는
나무들이 잎을 다 떨어뜨리고
앙상한 가지를 드러내고
있어야 자연스럽다. 그런데
갈색으로 빛바랜 잎들을
아직도 그대로 매달고 있는
나무가 있다. 갈참나무를
비롯한 참나무 종류가
대표적이다.

나뭇잎은 보통 잎 질 시기가
아니어도 사람이 힘주어
떼어내면 똑! 하고 쉽게 떨어진다. 가지와 잎자루 사이에
수분 손실이나 미생물의 침입을 막기 위한 떨켜가 발달해
있기 때문이다. 그런데 참나무 종류는 겨울에 잎이 다 마르고
나서도 깔끔하게 떨어지지 않는다. 잡아서 떼려고 하면
잎자루가 부러지는 느낌이랄까, 아무튼 잘 떨어지지 않는다.

이 나무들은 왜 이럴까? 정확히는 모른다. 주변의 식물
전공자들이나 책에 나오는 이야기를 취합해 보면 '원래
참나무가 남부수종이라 떨켜가 잘 발달하지 않았다'거나
'겨울눈을 보호하기 위해서'라고 추측한다. 그런데 이런

현상이 떨켜를 활성화하는 에너지조차 아끼려는 나무의
전략은 아닐까? 새봄에 새싹을 낼 무렵이면 어차피 마른 잎은
저절로 떨어져 나간다. 그냥 애쓰지 않고 순리대로 알아서
흘러가도록 내버려 두는 것이다.

○ 전주 완상칠봉

12월 9일, 수피

겨울이 되어서야 비로소 눈에 들어오는 것들이 있다. 나무 수형이 더 잘 보이고 겨울눈도 잎이 진 뒤에야 선명히 보인다. 수피樹皮(나무껍질)에도 이제야 눈길이 간다. 나무에 따라, 그리고 자라는 환경에 따라 나무껍질이 다르게 생겼다. 크게 보면 다 같은 나무인데 왜 껍질 모양이 다를까? 정확한 이유는 알 수 없지만 그 역할을 생각하면 어느 정도 유추할 수는 있다.

나무껍질에 생기는 무늬를 피목皮目(껍질눈)이라고 하는데 나무는 이곳을 통해 호흡한다. 너무 뜨거운 햇살은 막아 주고 큰 추위는 피해야 한다. 껍질이 너무 두꺼워도 안 되고 너무 얇아도 안 된다. 저마다 자기가 사는 환경에 맞춰 색깔, 두께, 무늬를 조정한다. 그렇게 오랜 세월 지나며 지금 모습으로 굳어졌을 것이다. 그래서 수피는 나무의 옷 같기도 하고 얼굴 같기도 하다. 아무리 변이가 있다고 해도 오랜 시간 관찰한 사람들은 껍질만 보고도 그 나무가 어떤 종류인지 알아맞힐 수 있다.

나무를 탄탄하게 감싸고 있는 껍질은 맛없는 조직으로 이루어져 있다. 맛있다면 동물들에게 모두 뜯어먹히고 말 것이다. 수피는 겉보기에만 좋은 게 아니라 나무가 살아가는 데 필요한 어느 한 부분을 채워 주고 보호하는 역할을 한다.

○ 전주

267

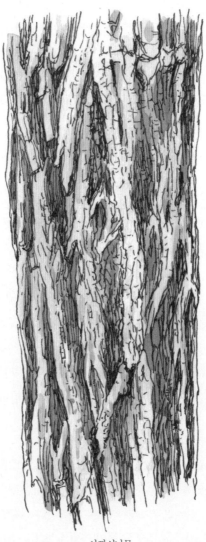

아까시나무

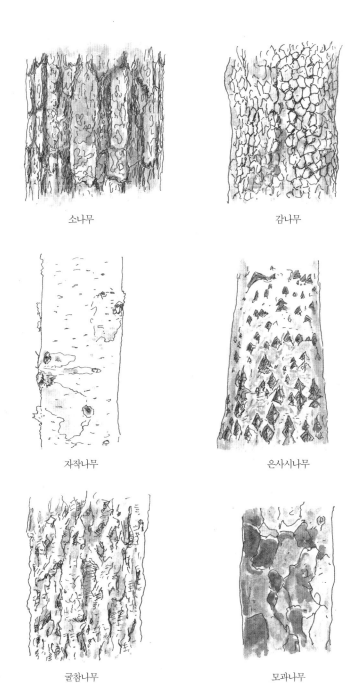

소나무

감나무

자작나무

은사시나무

굴참나무

모과나무

12월 20일, 메타세콰이아

공룡 시대에도 살았던 나무다. 이런 식물을 '화석식물'이라고
한다. 그런데 실제로 발견된 것은 1940년대 중국 양쯔 강
유역에서 일본 학자에 의해서였다. 지구에 아주 오래 전부터
존재하고 있었지만 멸종한 줄 알았다가 뒤늦게 발견된
경우다. 그래서 더 신기한 존재다.

침엽수 중에는 사계절 푸른 잎을 매단 상록수가 많은데
메타세콰이아는 이깔나무(잎갈나무)처럼 가을이 되면
갈색으로 물들며 잎을 떨어뜨린다. 씨앗이 바람을 타고 멀리
날아도 가고, 땅에 떨어지면 발아가 잘 되고, 어린 시기에
성장도 매우 빠르다. 우리 집에도 씨앗이 날아와 싹이
돋았는데, 일반 침엽수가 1년에 한 마디씩 자라는 데 비해
메타세콰이아는 네 마디나 자랐다. 세 살짜리 나무가 벌써
5미터 높이로 자랐다.

메타세콰이아, 은행나무, 소철 그리고 상어, 악어, 투구게
등…… 지구의 오랜 역사 동안 거의 변하지 않은 생물을
보면 자연의 완벽함과 우수함에 대해 생각하게 된다. 옛 모습
그대로 지금까지 살아남은 비결이 있을 것이다. 세상은 늘
변한다지만 완벽함을 유지하고 있다면 굳이 변하지 않아도
된다. 완벽함이란 결국 세상의 변화에 잘 적응하는 것일 수
있다.

메타세쿼이아는 특히 위로 날씬하게 뻗으며 자라는, 긴 삼각형 수형이 멋지다. 전형적인 침엽수 모양이라고 할 수 있다. 왜 침엽수들은 삼각형 모양으로 자랄까? 여기에도 이유가 있다. 나무는 풀과 달리 체격을 키워 많은 양의 햇빛으로 많은 양분을 만들고자 한다. 그러기 위해서는 위로 쭉쭉 자라 올라가는 게 유리하다. 가지에 난 눈들 중에도 특히 끝눈이 크게 자라야 키가 큰다. 옆눈의 성장에까지 신경 쓸 여력이 없다. 모든 양분을 끝눈에 몰아준다. 이를 '끝눈우성' 혹은 '끝눈우세현상'이라고 한다.

겨울눈 중에서 끝눈이 많이 자라면 나무는 긴 삼각형 모양이 된다. 대부분의 침엽수가 이런 원리로 큰다. 소나무나 히말라야시다처럼 시간이 흐르며 끝눈우성이 소멸되는 경우도 있지만 잣나무, 이깔나무, 전나무 등 대부분이 이 원리를 매년 반복하며 자라고, 그 때문에 언제나 한 줄기로 곧게 큰 모양을 유지한다.

하나의 원리를 끝까지 반복하면 하나의 형태가 만들어진다. 꾸준한 고집 하나가 한 사람을 완성한다.

○ 전주

깃털 같은 잎들이
마주나기로 나 있다.

다 익은 열매를
옆에서 보면 입술 모양이
선명하게 보인다.

아직 익지 않은 열매.

위에서 보면
장미꽃 모양 같다.

12월 28일, 마른 풀

집에서 영화를 한 편 보는데 한시 한 구절이 나온다.
'야화소부진춘풍취우생野火燒不盡春風吹又生.' 들불을
놓아도 다 타지 않고 봄바람이 불면 다시 돋아난다는
뜻으로 중국 당나라 때 시인 백거이가 지은
〈부득고원초송별賦得古原草送別〉에서 인용한 것이다. 영화는
검사들이 권력에 붙어 살아남는 이야기를 그리는데, 극중
주인공이 재기를 꿈꾸며 쓰는 글귀다. 풀의 생명력을 노래한
시구가 부정한 세력들이 끈질기게 살아남겠다는 의지를
표현하는 데 사용되다니! 멋진 글귀를 나쁜 놈들이 자기
입맛대로 해석해 씨먹는다.

가수 안치환이 부른 〈마른 잎 다시 살아나〉라는 노래가 있다.
백거이의 시와 상통하는 부분이 있는데, 이 노래에서 말하는
잎 역시 나뭇잎보다는 풀잎일 것이다. 풀은 한 해만 살고
겨울에는 줄기를 죽인다. 하지만 땅 밑의 뿌리는 살아 있어서
이듬해 다시 새잎을 낸다. 아니면 뿌리까지 죽었더라도
떨어진 씨앗에서 새싹이 나와 다시 자란다. 죽었지만 죽은
것이 아니다. 그렇게 풀은 숲에서 끈질기게 살아간다.

풀이 한 생을 마감하며 줄기와 잎을 말려 버리는 것이
생존을 위한 전략이라고 해석하는 이도 있다. 말하자면
제 몸을 건조하게 말려 불이 잘 붙도록 만든다는 것인데,
숲에 불이 나면 풀은 고작 잎만 타지만 덩치가 큰 나무들은

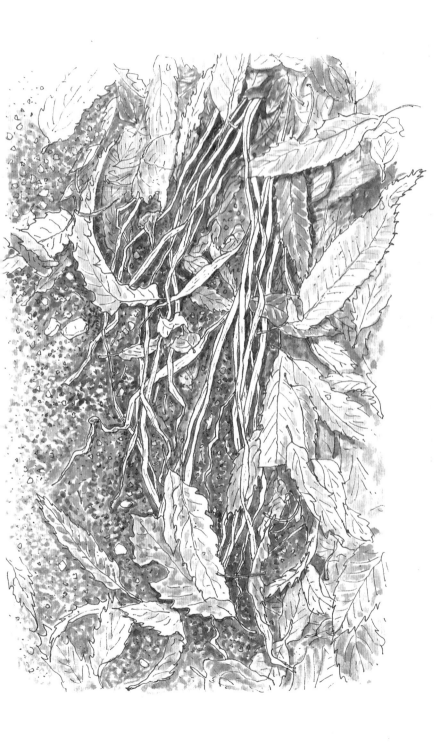

굵은 줄기까지 다 타 버린다. 나무가 타 버린 숲에는 햇빛이 땅바닥까지 스며들어 작은 풀들이 자라기 좋은 환경이 된다. 이런 논리도 일리는 있다. 약해 보이지만 그 약함을 이용해 강자를 이겨내는 전략인 셈이다.

그런데 꼭 그런 전략이 아니라도 풀은 가볍게 산다. 수백 년을 살고자 꿈꾸지 않는다. 체격을 불리지도 않고, 광합성을 대단히 많이 하지도 않는다. 그냥 제 몸을 유지하는 데 필요한 만큼만, 적당히 살 만큼만 생존 활동을 한다. 그리고 홀가분하게 죽음을 맞는다. 작은 몸으로 짧은 생을 살지만 곧바로 자신을 닮은 후손이 다음 삶을 이어가게 한다. 씨앗도 무척 많이 퍼뜨린다. 풀은 체격이 작으니 햇빛이 많이 필요치 않아서 아무데서나 잘 자란다. 결국 하나의 개체가 크고 오래 사는 것보다는 작고 짧게, 더 많은 수가 퍼져 사는 방법을 택한 것이다.

그리하여 오히려 지구를 뒤덮고 있는 것은 나무보다 풀이다. 풀이 살지 못하는 곳엔 나무도 살기 어렵다. 김수영 시인은 '풀이 눕는다. 바람보다 더 빨리 눕는다. 바람보다 더 빨리 울고 바람보다 먼저 일어난다.'라고 썼는데, 이 시에 빗대어 나는 이렇게 말하고 싶다. '풀은 나무보다 먼저 산다. 나무보다 먼저 죽는다. 그래서 더 멀리 갈 수 있다.'라고. 살아남는 데는 풀이 나무보다 더 강하다.

○ 전주

12월 30일, 버즘나무 잎

눈이 내렸다. 오랜만의 눈이다. 눈 내린 숲길을 걷고 싶어서
길을 나섰다. 겨울을 생각하면 가장 먼저 떠오르는 것이
눈이다. 그런데 눈 내린 풍경을 보면 춥다는 생각보다
따듯하다는 느낌, 깨끗하다는 기분이 더 든다. 그래서 모두
눈을 좋아하는 걸까? 눈은 곧 물이라서 자연에게도 반가운
선물이다.

눈길을 걷다 버즘나무 낙엽을 보았다. 눈 내린 길 위에 잎이
떨어지고 그 위에 다시 눈이 내렸다. 떨어진 지 얼마 안
됐다는 뜻이다. 12월 말인데 이제야 잎이 졌다. 올려다보니
아직도 몇 개가 더 달려 있다.

버즘나무는 겨울에도 잎을 꽤 오래 매달고 있다. 정확한
이유는 모르지만 잎자루 끝부분을 보면 어느 정도 유추할 수
있다. 여느 잎과 달리 잎자루 끝부분이 동그란 주머니처럼
겨울눈을 감싸고 있다. 대부분 나무의 겨울눈은 비늘이나
털가죽 같은 것에 꽁꽁 덮여 있는데 버즘나무는 이렇게
잎자루가 한 번 더 겨울눈을 감싸 안고 있는 구조다. 겨울눈을
보호하려는 작전임을 짐작케 한다. 가진 것을 최대한 더
활용하려는 버즘나무의 미니멀리즘이라고 볼 수 있겠다.

○ 전주

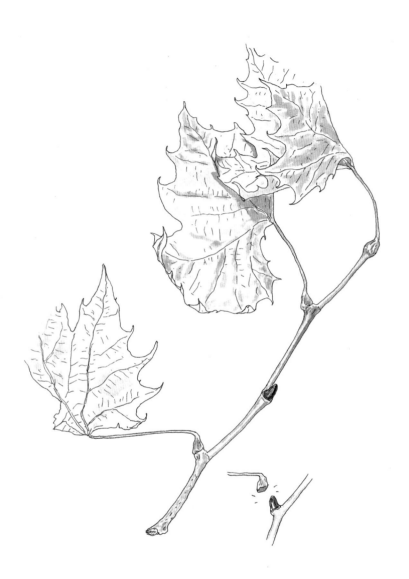

책을 마치며

자연 관찰자, 황경택의 시간

오랜 세월 지구는 태양의 주변을 돌며 자전과 공전을 해왔습니다. 그래서 지구에 사는 생명들은 시간의 변화에 맞춰 자신의 삶을 계획해야 했죠. '지금 나가는 게 좋겠다.' '난 좀 더 있다가 나가는 게 맞아.' 그렇게 오랫동안 조정되고 맞춰져서 지금 저마다의 사이클을 갖게 된 것입니다. 식물은 꼭 어느 한 시절에 몰려서 꽃을 피우지 않고 어느 한 시절에 몰려서 열매를 맺지 않습니다. 그래서 계절별로 볼 만한 자연의 모습이 가득해요. 일단 문밖에 나섰는데 무엇을 보아야 할지 모르겠다면, 저의 시간을 따라 걸어 보시는 건 어떨까요?

1월

사계절이 뚜렷한 우리나라에선 1월이면 눈 덮인 풍경을 연상하게 된다. 요즘은 눈도 잘 오지 않지만 그래도 우리 기억 속에는 눈 덮인 장면이 떠오른다. 하얀 설산에 맨몸이 그대로 드러난 나무들마다의 멋진 몸매를 관찰하기에 좋다. 또한, 마치 캔버스에 진한 물감으로 슥슥 세로로 그린 듯한 저마다 다른 나무껍질을 감상하는 것도 빼놓지 않는다.

2월

아직 봄은 아니지만 고로쇠는 물을 올리기 시작한다. 겨울눈에 양분을 공급해 주는 것이다. 기가 막히게 온도의 변화를 눈치 채고 수액을 올린다. 차근차근 다른 식물들도 싹을 낼 준비를 한다. 그래서 겨울눈이 통통해지기 시작한다. 아직 새싹이 돋기 전 봄을 준비하는 겨울눈의 다양한 모습들을 관찰하는 것이 제맛이다.

3월

아직은 좀 이른 시간. 꽃을 피웠다가 제때 꽃가루받이를 못하면 낭패다. 그래서 벌이 나올 시간을 기다려야 한다. 벌들이 슬슬 움직이기 시작하니 식물도 그에 맞춰서 하나둘 꽃을 피우기 시작한다. 이때는 먼저 큰 나무보다 키 작은 풀들이 꽃을 먼저 피운다.

4월

꽃도 많이 피어나고, 잎이 돋아나는 나무들도 많다. 아마도 일 년에 가장 많은 변화가 나무에게 찾아오는 시기일 것이다. 이때는 어딜 가나 하루하루가 다르게 나무가 자라 있다. 오늘은 잎이 얼마나 나왔고 줄기는 또 얼마나 늘어나고 있는지 확인해 보자. 키가 좀 작은 사람들은 나무가 부러울 것이다.

5월

계절의 여왕이라 불리는 5월. 그 별명답게 정말 춥지도 덥지도 않은 날씨라서 나들이하기에 좋다. 아주 많은 꽃들이 피어나고, 곤충들도 이때 알에서 깨어나고, 애벌레가 숲속에서 잔치를 즐기는 계절이다. 특히 5월에는 흰색을 띠는 꽃이 많이 핀다. 주변을 두리번거리며 흰색 꽃이 얼마나 많은지 세어 보자.

6월

잎이 거의 다 생장을 한 때다. 겨우내 맨몸으로 지내다 옷을 입은 듯 나무도 풀도 산도 푸르러지고 우거지는 때이다. 그런 만큼 벌과 나비도 한창이다. 나무 아래 가면 '웅웅~' 벌의 날갯짓 소리가 한창이다. 4, 5월의 숲이 청소년기라면 6월엔 왠지 청년기에 접어든 모습이다.

7월

더운 날씨에 그늘만 찾게 되는 시기인데 그래도 이런 더위에 열정적으로 피어나는 꽃들이 있다. 흐르는 땀을 가라앉히려 아이스아메리카노 한 잔 들고 걷다 보면 담장에 주황색의 선명한 능소화가 핀 것을 볼 수 있다. 광합성은 햇빛이 강할 때 더 활발하니,

나무도 풀도 열심히 광합성을 한다. 나와 식물이 조금 다른
존재구나 하는 생각을 하게 되는 때다.

8월

너무 더워서 외출도 어려운 때. 모처럼 잡힌 외출 일정에 숨이 턱턱
막히는데도 지하철역으로 걷다가 주변을 보면 화분의 식물도,
길가의 가로수도 기운을 좀 잃은 듯 잎이 좀 처진 느낌이다. '그래,
너네도 이런 더위는 힘들지?' 그러다가 전봇대 옆에서 아무렇지
않게 생생한 강아지풀을 보고 참 대단한 녀석이라고 감탄을 하게
되는 때다.

9월

생애 주기가 짧은 식물들은 이미 늦봄이나 이른 여름에 열매를
만들어 내지만 주기가 좀 긴 편인 나무들은 8월부터 열매를
살찌우기 시작한다. 그래서 9월이 되면 거의 다 열매의 생장도
마친다. 어딘가 어리숙해 보이던 열매들이 "나도 다 컸어요." 하고
말하는 듯한 때다.

10월

좀 이른 벚나무는 벌써 붉게 잎을 물들이고, 지역에 따라 조금은
다르지만 10월 말에 접어들면 꽤 많은 나무들이 단풍 들기
시작한다. 어린아이들은 누가 산에다 물감으로 색칠했냐고 묻는다.
명도와 채도가 높은 색색의 물감을 수채화 붓으로 '톡, 톡, 톡'
두드리며 칠해 놓은 듯하다. 얼른 보면 빨강과 노랑이 생각나지만

자세히 들여다보면 훨씬 다양한 색깔로 물드는 것을 알 수 있다.
떨어진 잎을 한 장 정도 주워 책갈피에 꽂아 두었다가 내년에 다시
펼치며 지난가을을 떠올려 보는 것도 좋겠다.

11월

단풍이 절정에 달한다. 풀들은 시들기 시작하고 달맞이꽃, 냉이,
개망초 같은 로제트들은 바닥에 엎드려 색깔을 붉게 만들어 가며
겨울을 준비한다. 가을 내내 여물었던 온갖 열매와 씨앗들이 먹히고
날리고 구르며 여기저기로 이동을 하는 때이다. 동물도 식물도 겨울
준비에 들어간다. 분주하게 움직이다 조만간 조용한 시간이 올
것이다.

12월

겨울에 접어든다. 기온이 영하로 몇 번 내려가기도 하고, 눈도
몇 번 내린다. 사람들도 추워서 밖으로 잘 안 나가려고 하는 때,
신기하게도 걷다가 아직도 꽃을 매달거나 열매를 매달고 있는
식물을 종종 만나게 된다. '정말 자연은 생활계획표 적듯이 딱딱
맞아떨어지지만은 않는구나. 그때그때 맞춰서 살기도 하는구나.'
하고 느끼게 된다. 맨몸을 드러낸 가로수들을 보며 이제 막 잎을
떨어뜨렸는데도 언제 잎이 다시 나려나 생각하며 '이 나무가 이런
몸매였나?' 새삼스럽게 나무 수형을 눈으로 좇아가 본다. 평소
몰랐던 게 많았구나 하고 또 느끼게 되는 때이다.

자연의 시간

초판 1쇄 발행 2021년 11월 25일

지은이   황경택
펴낸이   박희선
디자인   디자인 잔

발행처   도서출판 가지
등록번호   제25100-2013-000094호
주소   서울 서대문구 거북골로 154, 103-1001
전화   070-8959-1513
팩스   070-4332-1513
전자우편   kindsbook@naver.com
블로그   www.kindsbook.blog.me
페이스북   www.facebook.com/kindsbook
인스타그램 www.instagram.com/kindsbook

ISBN   979-11-86440-73-5 (03480)

* 이 도서는 한국출판문화산업진흥원의 '2021년 출판콘텐츠 창작 지원 사업'의 일환으로
  국민체육진흥기금을 지원받아 제작되었습니다.